计 算 机 科 学 丛 书

概率数据结构与算法

面向大数据应用

[乌克兰] 安德烈·加霍夫（Andrii Gakhov） 著

王平辉 贾鹏 李润东 译

U0180331

Probabilistic Data Structures
and Algorithms for Big Data Applications

机械工业出版社
China Machine Press

图书在版编目（CIP）数据

概率数据结构与算法：面向大数据应用 /（乌克兰）安德烈·加霍夫著；王平辉，贾鹏，李润东译 . -- 北京：机械工业出版社，2022.6

（计算机科学丛书）

书名原文：Probabilistic Data Structures and Algorithms for Big Data Applications

ISBN 978-7-111-71054-7

I. ① 概⋯　II. ① 安⋯ ② 王⋯ ③ 贾⋯ ④ 李⋯　III. ① 数据结构　IV. ① TP311. 12

中国版本图书馆 CIP 数据核字（2022）第 109133 号

北京市版权局著作权合同登记　图字：01-2021-3388 号。

Authorized translation from the English language edition entitled *Probabilistic Data Structures and Algorithms for Big Data Applications* (ISBN-13: 9783748190486) by Andrii Gakhov, Copyright © 2019.

All rights reserved. No part of this book may be reproduced or transmitted in any form or by any means, electronic or mechanic, including photocopying, recording, or by any information storage retrieval system, without permission of by Andrii Gakhov.

Chinese simplified language edition published by China Machine Press.

Copyright © 2022 by China Machine Press.

本书中文简体字版由 Andrii Gakhov 授权机械工业出版社独家出版。未经出版者预先书面许可，不得以任何方式复制或抄袭本书的任何部分。

出版发行：机械工业出版社（北京市西城区百万庄大街 22 号　邮政编码：100037）

责任编辑：李永泉　　　　　　　　　　　　责任校对：殷　红

印　　刷：三河市国英印务有限公司　　　　版　　次：2022 年 8 月第 1 版第 1 次印刷

开　　本：185mm×260mm　1/16　　　　　印　　张：11.5

书　　号：ISBN 978-7-111-71054-7　　　　定　　价：79.00 元

客服电话：(010) 88361066　88379833　68326294　　　授稿热线：(010) 88379604

华章网站：www.hzbook.com　　　　　　　读者信箱：hzjsj@hzbook.com

献给我的妻子 Larysa 和我的儿子 Gabriel

| 译 者 序 |

随着信息技术与互联网技术的快速发展，因特网、社交网络、移动互联网、物联网等众多应用催生出了大规模的数据。针对大数据技术的国际竞争日趋激烈，面向大数据分析算法与系统软件的研究成为当前国内外学术前沿的热点。

面对大规模数据的分析，现实中常存在计算和存储的限制，导致无法完全对大数据进行准确计算。例如在面向计算机网络流量的测量分析中，海量高速的网络数据包和网络路由器有限的硬件资源之间的矛盾导致网络数据包难以实现全量实时的捕获和存储。网络路由器有限的硬件资源决定了其可缓存的网络数据包数量有限，面对主干网高速的网络流量，路由器处理每个数据包的时间非常有限。因而，针对每个数据包仅限于简单的运算和操作，否则会影响后续数据包的正常转发，导致出现网络丢包、网络拥塞等现象，从而造成网络性能的急剧下降。除此之外，大规模的网络流量数据也难以全量存储，40 Gbit/s网络链路满负荷运行每天产生的网络流量约为432 TB，实时存储和分析如此大规模的数据面临巨大的挑战和高昂的成本。因此，目前基于软件定义的网络路由器采用基于概率统计的近似估计方法来实现对网络流量态势的测量。

本书介绍的概率数据结构是针对大规模数据近似计算专门设计的。不同于常规确定性数据结构，概率数据结构总是提供近似的答案以及估计结果的误差范围。本书的作者Andrii Gakhov博士曾在哈尔科夫国立大学计算机科学学院任教多年，目前在产业界从事软件研发，具有丰富的产学研经验。本书详细介绍的概率数据结构和算法包括集合成员查询、集合基数计算、数据流频数统计、相似性快速查找等众多实际应用中面临的典型问题，并提供了相关的免费开放源代码Python库。本书涉及的基础知识与众多理工科大学生必修的课程"数据结构与算法"和"概率论"有关，因此本书可以作为相关课程的课外读物。同时，本书也为软件架构师、开发人员等技术从业人员提供了良好的理论和实践材料。

大数据特征可从三个基本维度来刻画，体量（volume）、速度（velocity）和多样性（variety），即大数据的三个 v。其中，体量表示数据的总量，速度描述数据到达和被处理的速度，多样性指数据类型的个数。

数据无处不在，包括社交媒体、各种传感器、金融交易等。IBM 曾声称人们每天创造的数据总量达 2.5 EB（2.5 quintillion byte）。这一数字仍然在持续增长，而且大部分数据不能被存储，这些数据经常未经处理就被丢弃。现如今，需要处理 TB 或 PB 数量级的语料库以及千兆位速率的数据流的应用场景并不罕见。

另一方面，当下每个公司都想要完全理解所拥有的数据，以便发现其中的价值并做出相应决策。这导致了大数据软件市场的迅猛发展。然而，包含数据结构和算法在内的传统技术在处理大数据时是低效的。因此，许多软件从业人员不断地在计算机科学中寻找合适的解决方案。其中一种可选的解决方案就是使用概率数据结构和算法。

概率数据结构是一类主要基于不同散列技巧的数据结构的统称。不同于常规数据结构（又称确定性数据结构），概率数据结构总是提供近似的答案，但通过可靠的方式估计可能存在的误差。幸运的是，这些潜在的损失和误差可以被极低的内存需求、恒定的查询时间和良好的可扩展性充分弥补。这些因素在大数据应用中是至关重要的。

关于本书

本书面向技术从业人员，包括软件架构师、开发人员以及技术决策者，介绍概率数据结构和算法。通过阅读本书，你将能够对概率数据结构有理论和实践级别的了解，同时了解它们常见的使用场景。

本书不面向科学家，但是要想充分使用本书，你需要具备基本的数学知识，并且需要对数据结构和算法的一般理论有一定的了解。如果你没有任何"计算机科学"的经验，我们强烈推荐你阅读由 Thomas H. Cormen，Charles E. Leiserson，Ronald L. Rivest 和 Clifford Stein（MIT）所撰写的《算法导论》，其中有对计算机算法现代研究的全面介绍。

本书虽然不可能涵盖当前所有的出色解决方案，但将重点介绍它们的共同思想和重要的应用领域，包括成员查询、基数估计、流挖掘和相似性估计。

全书组织结构

本书共 6 章。每章前面都有引言，后面都有一个简短的总结和参考文献，以供读者进一步阅读与该章有关的内容。每章都专门针对大数据应用中的一个特定问题，首先对该问题进行深入的解释，然后介绍可用于有效解决该问题的数据结构和算法。

第 1 章简要概述概率数据结构中广泛使用的散列函数和散列表。第 2 章专门介绍近似成员查询，这是概率数据结构最著名的用例之一。第 3 章讨论用来辅助估算元素基数的概率数据结构。第 4 章和第 5 章讨论流式场景下与频数和排序相关的重要指标的计算。第 6 章包含用于解决相似性问题的数据结构和算法，尤其是近邻搜索问题。

网络上的本书

你可以在 https://pdsa.gakhov.com 上找到本书的勘误、示例和其他信息。如果你对本书有任何评论与技术问题，想报告发现的错误或任何其他问题，请发送电子邮件至 pdsa@gakhov.com。

如果你对本书中很多数据结构和算法的 Cython 实现感兴趣，请在 https://github.com/gakhov/pdsa 上查看我们的免费开放源代码 Python 库 PDSA。欢迎大家随时做出贡献。

关于作者

Andrii Gakhov 是一名数学家和软件工程师，拥有数学建模和数值方法方向的博士学位。他曾在乌克兰的哈尔科夫国立大学计算机科学学院任教多年，目前是 Ferret go GmbH 的软件从业人员，后者是德国领先的社区审核、自动化和分析公司。他的研究兴趣包括机器学习、流挖掘和数据分析。

与作者联系的最佳方式是通过推特账户@gakhov 或访问他的个人主页 https://www.gakhov.com。

致谢

感谢 Asmir Mustafic、Jean Vancoppenolle 和 Eugen Martynov 为审阅本书做出的贡献以及他们的有益建议。感谢学术评论家 Kateryna Nesvit 博士和 Dharavath Ramesh 博士的宝贵建议和意见。

特别感谢 t-摘要算法的作者 Ted Dunning。Ted Dunning 对相应章节进行了精准的审阅，提出了有见地的问题和许多有益的意见。

最后，感谢所有提供反馈并帮助本书成功出版的各位。

|目　　录|

散　　列

　　散列在概率数据结构中扮演着核心角色，因为这些数据结构使用散列对数据进行随机化和紧凑表示。散列函数通过生成体量更小（在大多数情况下为固定大小）的标识符来压缩任意大小的输入数据块。生成的标识符又被称为散列值，或简称为散列。

　　散列函数的选择对于避免偏差至关重要。尽管对于散列函数的选择主要基于输入和特定用例，但为了方便选择，散列函数应该满足某些通用属性。

> 　　散列函数会压缩输入。因此，两个不同的数据块具有相同散列值的情况是不可避免的。这种现象又称为散列碰撞。

　　1979 年，J. Lawrence Carter 和 Mark Wegman 提出全域散列函数，即使输入数据是从全域中随机选择的，其数学特性仍可以保证散列值的期望碰撞次数很少。

　　全域散列函数族 H 将全域中的元素映射到范围 $\{0,\cdots,m-1\}$ 中，并通过从函数族中随机挑选散列函数的方式保证发生散列碰撞的概率是有界的：

$$\Pr(h(x)=h(y)) \leqslant \frac{1}{m}，\text{对任意的 } x,y : x \neq y \qquad (1\text{-}1)$$

　　因此，从满足性质（1-1）的函数族中随机选择一个散列函数完全等价于均匀随机地选择一个元素。

　　一个被用于整数散列的重要的全域散列函数族被定义为：

$$h_{\{k,q\}}(x) = ((k \cdot x + q) \bmod p) \bmod m \qquad (1\text{-}2)$$

其中 k 和 q 是随机生成的模 p 的整数，且 $k \neq 0$。p 是一个素数且 $p \geqslant m$。通常情况下，p 可从已知的梅森素数中进行选择。例如，若 $m = 10^9$，则我

们选择 $p = M_{31} = 2^{31} - 1 \approx 2 \cdot 10^9$。

许多应用也使用函数族（1-2）的简化版本：

$$h_{\{k\}} = (k \cdot x \bmod p) \bmod m \qquad (1\text{-}3)$$

尽管函数族（1-3）仅仅具备近似全域性质，但其期望的散列碰撞概率仍然小于 $2/m$。

然而，上述所有的散列函数族仅适用于整数散列。这对许多需要对变长的向量进行散列，且需要既能满足特定属性又快速可靠的散列函数的实际应用来说是不够的。

在实际应用中有许多种类的散列函数，其选择主要取决于它们的设计和特定应用场景。在本章中，我们对常用的散列函数和各种概率数据结构中普遍存在的简单数据结构进行概述。

1.1 加密散列函数

在实际应用中，加密散列函数将变长的位字符串输入固定地映射为定长的位字符串输出。

如前所述，散列碰撞是不可避免的，但是一个安全的散列函数需要具备抗碰撞性，也就是应该很难发现碰撞。当然，一次碰撞是可以被意外发现或者提前计算的。这就是为什么这类函数始终需要数学证明。

加密散列函数在密码学中非常重要，并且在数字签名、模式验证和消息完整性等许多实际场景中有着广泛应用。

加密散列需要满足以下三个主要要求：

- 工作因数 —— 为使暴力破解变得困难，加密散列在计算上应该是高代价的。
- 黏性状态 —— 加密散列的状态不应依赖于合理输入模式。
- 扩散 —— 加密散列的每个输出比特都应该是与每个输入比特同样复杂的函数。

理论上，加密散列函数可以进一步分为使用密钥的键控散列函数和不使用密钥的非键控散列函数。概率数据结构仅仅使用非键控散列函数，包括单向散列函数、抗碰撞性散列函数和全域单向散列函数。这些函数仅仅在一些额外属性上有所差异。

单向散列函数满足如下要求：

- 可以应用于任意长度的数据块（当然，在实际应用中数据块的长度不会超过一个很大的值）。
- 散列的输出是定长的。
- 它们应该具备抗原像性（单向特性），即给定特定的散列结果，找到该结果对应的输入在计算上是不可行的。

此外，对于抗碰撞性散列函数来说，给定两个不同的输入，它们产生相同散列值的概率应该是非常小的。

如果不具备抗碰撞性，全域单向散列函数需要具备目标耐碰撞性或抗第二原像性，即在计算上找到与指定输入相同的输出的第二个不同输入是不可行的。

需要注意的是，具有抗碰撞性意味着这个函数同时具有抗第二原像性，但是找到抗第二原像性的一般复杂度要比找到碰撞对高得多。

> 由于它们的设计（特别是工作因数要求），加密散列函数的效率要远低于非加密散列函数。例如，接下来将要讨论的 SHA-1 函数的速度是 540MiB/s[⊖]，而当下流行的非加密散列函数速度为 2500MiB/s，甚至更快。

（1）消息-摘要算法

1991 年，Ron Rivest 发明了著名的**消息-摘要算法**（Message-Digest Algorithm，又称 MD5），以替代旧的 MD4 标准。MD5 是一个定义在 IETF RFC 1321 中的加密散列算法，它以任意大小的消息作为输入，并生成长度为 128 比特的散列值作为输出。

MD5 算法基于 Merkle-Damgård 模式。在第一个阶段，MD5 算法使用符合 MD 模式的填充函数将任意长度的输入转换为一系列固定长度的数据块（大小为 512 比特的数据块或 16 个大小为 32 比特的字）。之后，这些数据块被一个特殊的压缩函数逐一处理，每一个数据块都会使用前一个

⊖　Crypto++ 6.0.0 Benchmarks https：//www.cryptopp.com/benchmarks.html

输出的结果。为了保证压缩的安全性，MD5 算法使用 Merkle-Damgård 增强，然后填充函数使用原始消息的编码长度。最终的 MD5 散列摘要（大小为 128 比特）在处理完最后一个数据块后生成。

MD5 算法通常被用来验证文件的完整性。相较于通过检查原始数据来验证文件是否被更改的方式，比较 MD5 的散列值已经足够。

> 如漏洞说明 VU♯836068⊖ 所称，MD5 算法容易遭受碰撞攻击。算法中发现的缺陷使得使用相同的 MD5 散列构建不同的消息成为可能。结果是，攻击者可以生成密码令牌或其他非法显示为真实的数据。不再建议将 MD5 用作安全的加密算法。但是，这种漏洞对概率数据结构影响不大，仍然可以使用。

（2）安全散列算法

安全散列算法由美国国家安全局（NSA）开发，并由美国国家标准技术研究院（NIST）发布。该系列中的第一个算法 SHA-0 于 1993 年发布，并很快被其后继 SHA-1 所取代，SHA-1 已在全球范围内被广泛接受。SHA-1 产生了更长的 160 比特（20B）散列值，同时通过修复 SHA-0 的弱点提高了它的安全性。

SHA-1 已在各种应用程序中被广泛使用了多年，大多数网站都使用基于 SHA-1 的算法进行签名。然而，在 2005 年，SHA-1 的一个弱点被发现。因此，在 2010 年，NIST 不赞成将其用于政府用途。而且，从 2011年起，它在互联网上遭到了弃用。与 MD5 一样，SHA-1 所发现的弱点并没有影响其用作概率数据结构的散列函数。

SHA-2 在 2001 年发布，其中包括 6 个具有不同摘要大小的散列函数：SHA-224、SHA-256、SHA-384、SHA-512 等。SHA-2 比 SHA-1 更强大，在当前的计算能力下，对 SHA-2 的攻击不太可能发生。

（3）RadioGatún

RadioGatún 加密散列函数族于 2006 年在第二届加密散列研讨会上被

⊖　VU♯836068 http：//www.kb.cert.org/vuls/id/836068

提出[Be06]。RadioGatún 的设计改进了已知的巴拿马散列函数。

与其他常用的散列函数类似，RadioGatún 加密散列函数的输入被分成一系列数据块。这些数据块使用一个特殊函数注入算法的内部状态，然后迭代应用单个**非加密轮函数**（称为 belt-and-mill round 函数）。在每一轮中，状态被表示为两个部分，皮带和磨机，这两个部分由轮函数进行不同的处理。轮函数的应用包括四个并行操作：1）应用于磨机的非线性函数，2）应用于皮带的简单线性函数，3）以线性方式将磨机的一些位前馈给皮带，4）以线性方式将皮带的一些位前馈给磨机。注入所有输入块后，该算法将执行多轮，而无须输入或输出（空白轮），然后将部分状态作为最终的散列值返回。

在该系列中，带有 64 位字的 RadioGatún64 是默认选择，并且是 64 位平台的最佳选择。为了在 32 位平台上获得最佳性能，还可以使用带有 32 位字的 RadioGatún32。

在相同的时钟频率下，据称 RadioGatún32 对于长输入而言，其速度比 SHA-256 快 12 倍；对于短输入而言，其速度比 SHA-256 快 3.2 倍，同时门数更少。对于长输入，RadioGatún64 甚至比 SHA-256 快 24 倍，但逻辑门却多出约 50%。

1.2 非加密散列函数

相较于加密散列函数，非加密函数并非为了抵御旨在发现散列碰撞的攻击而设计，因此不需要安全性和较高的抗碰撞性。这样的函数必须能快速计算并且保证低的散列碰撞概率，因而允许以合理的错误概率快速对大量数据进行散列。

（1）Fowler/Noll/Vo

Fowler/Noll/Vo（FNV 或 FNV1）非加密散列算法的基本思想来自于 1991 年，由 Glenn Fowler 和 Phong Vo 发送给 IEEE POSIX P1003.2 委员会作为评审意见的一个想法，随后由 Landon Curt Noll 进行了改进[Fo18]。

FNV 算法保持初始化为特殊偏差量的内部状态。之后，算法对 8 比特的输入块进行迭代，并对 **FNV 质数**（FNV Prime）的较大数值常量执行状态乘法，然后对输入块应用**逻辑异或**（XOR）。在处理完最后一个输入之后，状态的结果值将作为散列被报告。

FNV 质数和偏差量基常数是设计参数，取决于生成的散列值的位长。正如 Landon Curt Noll 所提到的，素数的选择是 FNV 算法很奇妙的一部分。对于相同的散列大小，一些素数的散列效果优于其他方法的素数散列效果。

当前必须首选的 FNV1a 替代算法是 FNV 算法的一个较小变体，仅在内部 XOR 和乘法运算的顺序上有所不同。尽管 FNV1a 与 FNV1 使用相同的参数和 FNV 质数，但其 XOR 折叠提供了更好的分散效果，而不会影响 CPU 性能。

当前，FNV 散列函数族包含用于 32 位、64 位、128 位、256 位、512 位和 1024 位散列值的算法。

FNV 的实现非常简单，但是其散列值的高度分散性使其非常适合散列几乎相同的字符串。它广泛用于 DNS 服务器、**推特**（twitter）、数据库索引散列、网页搜索引擎以及其他地方。几年前，FNV1a 的 32 位版本被推荐作为 IPv6 流标签生成的散列算法[An12]。

（2）MurmurHash

Austin Appleby 在 2008 年发布了另一个著名的散列函数族，称为 MurmurHash，并在 2011 年最终确定为 MurmurHash3 算法[Ap11]。

MurmurHash 算法使用一种特殊的概率技术来近似全局最优值，以找到一种散列函数，能以最佳方式混合输入值比特以产生输出散列比特。MurmurHash 算法的各代主要在混合功能方面有所不同。

该算法的速度是速度优化的 lookup3 散列函数⊖的两倍。MurmurHash3 包括适用于 x86 和 x64 平台的 32 位和 64 位版本。

当前，MurmurHash3 是最流行的算法之一，并用于 Apache Hadoop、Apache Cassandra、Elasticsearch、libstdc＋＋、nginx 等。

⊖　散列函数和块密码见 https：//burtleburtle.net/bob/hash/

（3）CityHash 与 FarmHash

Google 在 2011 年发布了由 Geoff Pike 和 Jyrki Alakuijala[Pi11]开发的新字符串散列函数族，名为 CityHash。CityHash 函数是基于 MurmurHash2 算法的简单非加密散列函数。

CityHash 散列函数族的开发重点是对概率数据结构和散列表最感兴趣的短字符串（例如，最大为 64B）。它包括 32 位、64 位、128 位和 256 位版本。对于这样的短字符串，64 位版本的 CityHash64 比 MurmurHash 更快，并且胜过 128 位的 CityHash128。然而，尽管对于具有至少几百个字节的长字符串而言，CityHash128 比 CityHash 系列的其他散列函数更可取，但实际上，最好使用 MurmurHash3。

CityHash 的一个缺点是它相当复杂，并且会导致在不同编译器上出现非最佳行为，从而大大降低其速度。

2014 年，Google 发布了由 Geoff Pike[Pi14]开发的 CityHash 的后继产品，称为 FarmHash。新算法包含 CityHash 中使用的大多数技术（不幸的是，同时继承了其复杂性）和新一代 MurmurHash。FarmHash 函数会完全混合输入比特，但该操作并不足以用于加密。

FarmHash 使用特定于 CPU 的优化，但仍需要调整编译器以获得最佳性能，并且依赖于平台。值得注意的是，所计算的散列值在不同平台之间也有所不同。

FarmHash 函数存在于多个版本中，而 64 位版本的 Farm64 在包括手机在内的许多平台的测试中均优于 CityHash、MurmurHash3 和 FNV 等算法。

1.3　散列表

散列表是一种字典数据结构，由长度为 m 的无序关联数组组成。其条目称为桶，并使用 $\{0, 1, \cdots, m-1\}$ 范围内的键作为索引。要将元素插入散列表中，需要一个散列函数用于计算键，该键用于选择适当的桶对元素进行存储。

通常，包含所有输入元素的全集的规模要比散列表的容量 m 大得多。因此，键的碰撞是不可避免的。另外，当散列表中元素的数量增加时，碰撞的数量也会增加。

散列表的关键概念是负载因子 α，即已使用键的数量 n 与表的总长度 m 之比：

$$\alpha := \frac{n}{m}$$

负载因子是散列表的填充程度的一种度量，并且由于 n 不能超过散列表的容量，因此它的上限为 1。当 α 接近其最大值时，碰撞的可能性会大大增加，这可能需要增加散列表的容量。

所有散列表的实现都需要解决碰撞问题，并提供有关如何处理冲突的策略。主要有两种技术：

- 封闭寻址——将碰撞的元素存储在辅助数据结构中的相同键下。
- 开放寻址——将碰撞的元素存储在首选位置以外的其他位置，并提供一种寻址方法。

封闭寻址技术是解决碰撞的最简单的方法。封闭寻址有许多不同的实现方法，例如，在链表中存储碰撞元素的分离链接法，使用特殊散列函数和不同长度的辅助散列表的完美散列法。

除了以任何一种形式创建辅助数据结构外，还可以通过将碰撞的元素存储在主表中的其他位置并设计相关寻址算法来解决碰撞。由于在一开始该存储元素的地址是未知的，因此该技术被称为开放寻址，又称开放定址。

现在，我们将介绍在本书列出的概率数据结构中两个有用的开放寻址实现方法。

（1）线性探测

使用开放寻址的最直接的散列表实现方法之一是线性探测算法，该算法由 Gene Amdahl、Elaine M. McGraw 和 Arthur Samuel 于 1954 年提出。Donald Knuth 于 1963 年对其进行分析。线性探测算法的思想是将碰撞元素放入下一个空桶中。它的名称源于如下事实：因为我们一个接一个地探查另一个桶，所以元素的最终位置为以首选桶为起点的线性偏差。

线性探测散列表可以看作将索引值存储在桶中的环形数组。要想插入一个新元素 x，我们使用一个散列函数 h 计算其密钥 $k = h(x)$。如果对应于该键的桶非空，并且包含不同的值（即发生碰撞），则我们将继续沿顺时针方向查看下一个桶，直到找到可以索引元素 x 的可用空间。通过检查散列表的负载因子可以保证我们肯定会在某个时候找到可用空间。

类似地，当我们要查找某个元素 x 时，我们使用相同的散列函数 h 计算其密钥 k，并开始顺时针检查桶。从首选桶开始，键为 $k=h(x)$，直到找到所需元素 x，否则若出现第一个空桶，则表明该元素不在散列表中。

例 1.1 线性探测

考虑下述的线性探测场景，散列表的长度 $m=12$，散列函数是将全域映射到 $\{0,1,\cdots,m-1\}$ 范围的 32 比特 MurmurHash3：

$$h(x):=\text{MurmurHash3}(x)\bmod m$$

假定要将以 red 开始的不同颜色的名字存储在散列表中。当前元素对应的散列函数的值计算如下：

$$h=h(\text{red})=2\,352\,586\,584\bmod 12=0$$

由于起初线性探测的散列表是空的，键 $k=0$ 的桶不包含任何元素，因此我们就仅仅将元素进行下述的索引：

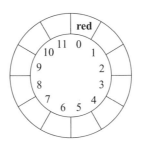

接下来我们考虑元素 green，其散列值为：

$$h=\text{hash}(\text{green})=150\,831\,125\bmod 12=5$$

由于键 $k=5$ 对应的桶是空的，所以将其存储在该桶中。

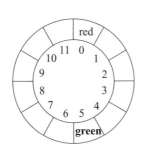

现在考虑元素 white，其散列值为

$$h = h(\text{white}) = 16\ 728\ 905 \bmod 12 = 5$$

该元素的首选桶是键 $k=5$ 的桶。该桶目前已被其他的元素占用，这意味着出现了碰撞。在这种情况下，我们采用线性探测算法，并尝试从首选桶开始以顺时针方向寻找下一个空桶。幸运的是，下一个键 $k=6$ 的桶是空的，所以将 white 元素存储在此处。

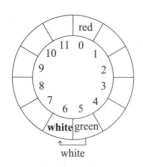

当我们在线性探测散列表中查找元素 white 时，首先会查询该元素的键 $k=5$ 对应的桶。由于该首选桶包含的元素和待查询元素 white 不同，所以我们沿顺时针方向从键为 $k+1=6$ 的桶出发开始探测。幸运的是，键 $k=6$ 的桶包含了所需查询的元素 white，所以我们可以得到元素 white 存在于散列表中的结论。

只要线性探测散列表未被填满（负载因子严格小于 1），该算法的每次操作就只需要 $O(1)$ 的时间复杂度，并且线性探测的最长探测序列的期望长度的复杂度为 $O(\log n)$。

> 线性探测算法对散列函数 h 的选择非常敏感，因为它必须提供理想的均匀分布才能达到预期性能。但是实际上，这是不可能的，并且算法的性能会随着实际分布的发散而迅速降低。为了解决该问题，多种增加随机化的技术被广泛采用。

（2）布谷散列

开放寻址的另一种实现方法是布谷散列，它由 Rasmus Pagh 和 Flemming Friche Rodler 于 2001 年提出，并于 2004 年发布[Pa04]。该算法的主要思想是使用两个而不是一个散列函数。

布谷散列表是一个桶数组，其中的每个元素由两个不同的散列函数分别定位到两个候选桶，而不像线性探测或是其他算法中那样仅包含一个候选桶。

要想在布谷散列表中为新元素 x 建立索引，我们使用散列函数 h_1 和 h_2 计算两个候选桶的键。如果这两个候选桶中至少有一个为空，则将该新元素添加到空桶中。否则，我们将随机选择其中一个桶，并将元素 x 存储在该桶中，同时将存储在该桶中的旧元素移动至其另一个候选桶中。重复上述过程，直到找到一个空桶对元素进行存储，或是达到最大移动次数时算法停止。如果没有空桶，则散列表被视为已满。

> 尽管布谷散列算法可能会执行一系列的移动操作，但是它仍然可以在常数时间复杂度 $O(1)$ 内完成。

查找过程则比较直接，并可以在常数时间复杂度内完成。我们只需要通过计算输入元素的散列值 h_1 和 h_2 就可以确定该元素的候选桶，最终检查这两个桶中是否存在待查元素。删除过程则可以以类似的方式执行。

例 1.2 布谷散列

考虑下述条件，布谷散列表的长度 $m=12$，以及输出键的取值范围在 $\{0,1,\cdots,m-1\}$ 的两个 32 比特的散列函数 MurmurHash3、FNV1a：

$$h_1(x) := \text{MurmurHash3}(x) \bmod m$$
$$h_2(x) := \text{FNV1a}(x) \bmod m$$

与例 1.1 类似，以元素 red 开始，我们在散列表中为颜色的名字建立索引。通过散列函数得到的两个候选桶的键为：

$$h_1(\text{red}) = 23\ 525\ 865\ 848 \bmod 12 = 0$$
$$h_2(\text{red}) = 1\ 089\ 765\ 596 \bmod 12 = 8$$

当前布谷散列表为空，所以我们使用候选桶的其中一个即可，例如在键 $k = h_1(\text{red}) = 0$ 的桶中为元素建立索引。

接下来，我们对元素 black 建立索引，其对应的候选桶的键分别为

$h_1(\text{black})=6$ 和 $h_2(\text{black})=12$。由于键 $k=0$ 的桶中已存储其他元素，因此只能在键 $k=6$ 的空桶上为 black 元素建立索引。

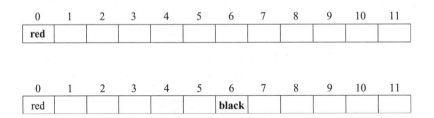

类似地，我们将元素 silver 添加到散列表中。该元素对应的候选桶的键分别为 $h_1(\text{silver})=5$ 和 $h_2(\text{silver})=0$。因为键 $k=0$ 对应的桶已满，则只能将 silver 元素添加到键 $k=5$ 的空桶中进行存储。

0	1	2	3	4	5	6	7	8	9	10	11
red					**silver**	black					

接下来分析元素 white 的添加过程。该元素对应的散列值分别为：

$$h_1(\text{white})=16\,728\,905 \bmod 12=5$$
$$h_2(\text{white})=3\,724\,674\,918 \bmod 12=6$$

此时，元素 white 对应的两个候选桶中均存在其他元素，所以我们需要根据布谷散列算法机制进行移动操作。首先，随机挑选两个候选桶中的一个，比如键 $k=5$ 的桶。然后将元素 white 添加到该桶中进行存储。接下来需要对原本存储在键 $k=5$ 的桶中的元素 silver 进行移动操作，将其移动至其键 $k=0$ 的候选桶中。此时，键 $k=0$ 的桶也非空，因此在键 $k=0$ 的桶中存储 silver，并将原本存储的元素 red 移动至其另一个候选桶中。幸运的是，red 键 $k=8$ 的候选桶是空的，所以将 red 添加到该桶中。至此，元素 white 的添加过程完毕。

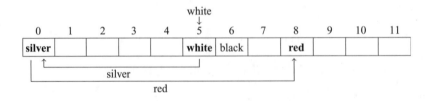

例如，当我们想对元素 silver 进行查询时，需要先根据散列函数得到其候选桶，分别是键 $k=5$ 和键 $k=0$ 的桶。由于在这个例子中，键 $k=0$ 的桶包含待查询元素 silver，所以可以得出元素 silver 在布谷散列表中的结论。

布谷散列能够保证较高的空间占用率，但要求其散列表的长度略大于存储所有元素所需的长度。我们将在下一章中详细介绍布谷过滤器，这是布谷散列算法在概率数据结构上的变体。

1.4 总结

本章是对散列、散列问题以及其在数据结构中的重要性做出的概述。本章讨论了加密与非加密散列函数，以及在实践中最为常用的散列函数集，并介绍了通用散列算法在理论上的重要性。在散列函数的应用方面，本章讨论了散列表，一种将键映射到值，并能够进行数据成员查询的简单数据结构。本章还研究了开放寻址散列表的示例，这些示例将在后续章节中作为概率数据结构广泛使用。

如果你对本章中所引用的文献感兴趣，请查看本章结尾部分的参考文献列表。

在下一章中，将讨论本书中的第一个概率数据结构，并研究散列表的扩展——过滤器，它广泛应用于大数据背景（存储资源昂贵且有限，并需要高速查询）下的数据成员查询问题中。

本章参考文献

[An12] Anderson, L., et al. (2012) "Comparing hash function algorithms for the IPv6 flow label", *Computer Science Technical Reports*, 2012.

[Ap11] Appleby, A. (2011) "MurmurHash", *sites.google.com*, https://sites.google.com/site/murmurhash/, Accessed Sept. 18, 2018.

[Ap16] Appleby, A. (2016) "SMHasher", *github.com*, https://github.com/aappleby/smhasher, Accessed Sept. 18, 2018.

[Be06] Bertoni, G., et al. (2006) "RadioGatún, a belt-and-mill hash function", Presented at the Second Cryptographic Hash Workshop, Santa Barbara - August 24–25, 2006.

[Fo18] Fowler, G., et al. (2018) "The FNV Non-Cryptographic Hash Algorithm", *IETF Internet-Draft*. Version 15, https://tools.ietf.org/html/draft-eastlake-fnv-15, Accessed Sept. 18, 2018.

[Fr84] Fredman, M. L., Komlós, J., and Szemerédi, E. (1984) "Storing a Sparse Table with 0(1) Worst Case Access Time", *Journal of the ACM (JACM)*, Vol. 31 (3), pp. 538–544.

[Fu09] Fuhr, T., Peyrin, T. (2009) "Cryptoanalysis of RadioGatún", In: Dunkelman O. (eds) Fast Software Encryption. *Lecture Notes in Computer Science*, Vol. 5665, Springer, Heidelberg

[He85] Heileman, G. L., Luo, W. (1985) "How Caching Affects Hashing", *Proceedings of the 7th Workshop on Algorithm Enginnering and Experiments (ALENEX)*, pp. 141–154.

[Pa04] Pagh, R., Rodler, F. F. (2004) "Cuckoo hashing", *Journal of Algorithms*, Vol. 51 (2), pp. 122–144.

[Pi14] Pike, G. (2014) "FarmHash, a family of hash functions", *github.com*, https://github.com/google/farmhash, Accessed Sept. 18, 2018.

[Pi11] Pike, G., Alakuijala, J. (2011) "CityHash, a family of hash functions for strings", *github.com*, https://github.com/google/cityhash, Accessed Sept. 18, 2018.

第 2 章

成 员 查 询

给定一个数据集，**成员查询问题**（membership problem）的目的是确定某个元素是否属于该数据集。对于较小的集合，成员查询问题可以通过直接查找，以及随后将给定元素与集合中的每个元素进行比较来解决。然而，这种朴素的方法依赖于集合中元素的数量，并需要平均 $O(\log n)$ 次比较（在预先排好序的数据上）。其中，n 为集合中的元素总数。在大数据应用中，集合往往包含大量元素。很显然这种方法不够高效，需要耗费大量的查询时间以及 $O(n)$ 的空间用来存储元素。

我们可以通过对集合进行分块然后并行比较的方法减少计算时间。然而，这种方法并不适用于所有情况。对于大数据处理而言，存储如此庞大的元素集合几乎是一项不可能完成的任务。

另一方面，在许多场合中，我们不必确切知道集合中的哪个元素被匹配，而仅需知道集合中有某个元素被匹配到就足够了。因此，可以仅存储元素的签名，而不必存储完整的元素。

例 2.1　安全浏览问题

假设我们开发了一个网页浏览器，并且注意到某些 URL 包含恶意软件。因此，我们希望在用户尝试登入这些页面时向他们发出警告（甚至阻止他们访问）。一种最直接地减少网络流量的方式是将所有包含恶意软件的 URL 存储在应用程序中。在用户进入 URL 后，只需检查该 URL 是否为恶意 URL 以及能否安全访问。

当恶意 URL 数量较少时，这种朴素的方法效果非常好。不幸的是，对于实际应用而言并非如此。一段时间后，我们将需要一个特殊的结构来存储恶意 URL（或者理想情况下，仅存储其相关信息）。该结构的大小不会随着新的恶意 URL 的出现而线性增长。除上述要求外，该结构还应该支持快速查询某个 URL 是否在存储在该结构中，因为我们不希望用户等待太长时间。

成员查询问题的应用并非完全局限于计算机科学，在不同领域中都扮演着重要角色。

例 2.2   DNA 序列（Stranneheim 等，2010）

宏基因组学研究中的一个重要问题是将序列归类为"新序列"或已知基因组，即过滤出现过的数据。执行成员查询的预处理步骤（如果高效执行的话）可以在更详细的分析之前降低数据的复杂性。

快速查找的问题可以通过散列解决，这也是最简单的方法。使用散列函数将数据集的每个元素映射到一个散列表中，该表维护一个（有序的）散列值列表。但是，这种方法会有小概率可能出错（由散列碰撞引起），而且每个被散列的元素占用大约 $O(\log n)$ 比特，这对于实践中的大规模数据集来说仍然不可行。

在本章中，我们考虑采用常规散列表的常用替代方法。这些替代方法需要更少的空间，能够进行更快的查找，并保持更小的错误率。这种空间高效的数据结构有助于处理大规模数据，并且在执行成员查询时具有良好的表现。

我们从著名的布隆过滤器开始，然后了解其扩展和改进，最后研究其当前的替代品。

2.1   布隆过滤器

用来解决成员查询问题的最简单且最知名的数据结构是**布隆过滤器**（bloom filter），于 1970 年由 Burton Howard Bloom 提出。布隆过滤器是一种空间高效的概率数据结构，能够表示一个包含 n 个元素的集合 $\mathbb{D} = \{x_1, x_2, \cdots, x_n\}$。布隆过滤器只支持两种操作：

- 向集合添加一个元素。
- 测试一个元素是否属于该集合。

布隆过滤器可以通过丢弃元素标识符的方法来高效存储一个元素数量很多的集合。具体来看，布隆过滤器存储了一个（近乎）独特的位集合，与算法作用于元素的一定数量的散列函数相对应。

在实际应用中，常用比特数组来表示布隆过滤器，该数组长度为 m，包含不同的散列函数 $\{h_i\}_{i=1}^k$。假设 m 正比于集合中期望的元素数量 n，且 $k \ll m$。

散列函数 h_i 必须相互独立且服从均匀分布。在这种情况下，我们才能均匀且随机地在过滤器中获得散列值（可以把散列函数看作一种随机数生成器）并且降低散列碰撞的可能性。

这种方法显著地降低了集合的存储空间。对每个元素都只需要固定数量的比特进行存储，与数据结构中的元素数目以及大小无关。

布隆过滤器的数据结构是一个长度为 m 的比特数组，数组的每一比特初始化为 0，意味着过滤器为空。要想向过滤器中插入元素 x，则需要对每个散列函数 h_k 计算其值 $j = h_k(x)$，并将过滤器中对应第 j 位置的比特置 1。需要注意的是，由于散列碰撞，数组中的一些比特可能会被多次置 1。

算法 2.1：向布隆过滤器中添加元素

输入：元素 $x \in \mathbb{D}$

输入：使用 k 个散列函数 $\{h_i\}_{i=1}^k$ 的布隆过滤器 BloomFilter

for $i \leftarrow 1$ to k do
    $j \leftarrow h_i(x)$
    BloomFilter$[j] \leftarrow 1$

例 2.3 向过滤器中加入元素

给定一个布隆过滤器，其长度 $m = 10$，且具有 2 个散列范围在 $\{0, 1, \cdots, m-1\}$ 的 32 位的散列函数 MurmurHash3 和 FNV1a：

$$h_1(x) = \text{MurmurHash3}(x)$$
$$h_2(x) = \text{FNV1a}(x) \bmod m$$

空过滤器有如下形式：

0	1	2	3	4	5	6	7	8	9
0	0	0	0	0	0	0	0	0	0

例如，我们将部分国家首都的名字加入到过滤器中。从 Copenhagen 开始，为了找到对应的过滤器数组中的比特，我们计算散列值：

$$h_1(\text{Copenhagen}) = \text{MurmurHash3}(\text{Copenhagen}) \bmod 10 = 7$$

$$h_2(\text{Copenhagen}) = \text{FNV1}a(\text{Copenhagen}) \bmod 10 = 3$$

因此，我们需要将过滤器中的第 3 比特以及第 7 比特置为 1：

0	1	2	3	4	5	6	7	8	9
0	0	0	1	0	0	0	1	0	0

不同元素可能共享同一位。例如，当我们添加另一个元素 Dublin 到过滤器中时：

$$h_1(\text{Dublin}) = \text{MurmurHash3}(\text{Dublin}) \bmod 10 = 1$$

$$h_2(\text{Dublin}) = \text{FNV1}a(\text{Dublin}) \bmod 10 = 3$$

正如所见，Dublin 在过滤中对应的比特位为 1 和 3，其中只有第 1 比特未被置位（这意味着过滤器中存在某元素的对应的位中包含第 3 比特，且这个元素不是 Dublin）：

0	1	2	3	4	5	6	7	8	9
0	1	0	1	0	0	0	1	0	0

当我们需要检测给定元素 x 是否存在于过滤器中时，我们计算所有的 k 个散列值 $h_i = \{h_i(x)\}_{i=1}^k$，并检查相应位置的比特值。如果所有对应的比特都已经被置为 1，那么元素 x 可能存在于过滤器中。否则，元素 x 一定不可能在过滤器中。元素是否存在的不确定性源于部分位置可能被先前添加的其他元素（如例 2.3 所示）置位，或者出现了硬碰撞，即所有的散列函数都偶然地发生了碰撞。

算法 2.2：检测过滤器中的元素

输入：元素 $x \in \mathbb{D}$

输入：使用 k 个散列函数 $\{h_i\}_{i=1}^k$ 的布隆过滤器 BloomFilter

输出：元素未找到则输出 False，元素可能存在则输出 True

```
for i ← 1 to k do
    j ← h_i(x)
    if BloomFilter[j] ≠ 1 then
        return False
return True
```

例 2.4 检测过滤器中的元素

考虑例 2.3 中的布隆过滤器和已经编入的两个元素，Copenhagen 和 Dublin：

0	1	2	3	4	5	6	7	8	9
0	1	0	1	0	0	0	1	0	0

为了测试元素 Copenhagen 是否在过滤器中，我们需要再一次的计算其对应的散列值 $h_1(\text{Copenhagen}) = 7$ 以及 $h_2(\text{Copenhagen}) = 3$。之后我们检查过滤器中的对应比特，发现它们全部被置 1，因此我们称 Copenhagen 可能存在于过滤器中。

现在我们考虑另一个元素 Rome，为了寻找其在过滤器中对应比特，计算其散列值：

$$h_1(\text{Rome}) = \text{MurmurHash3}(\text{Rome}) \bmod 10 = 5$$
$$h_2(\text{Rome}) = \text{FNV1}a(\text{Rome}) \bmod 10 = 6$$

因此，通过检查第 5 比特和第 6 比特，我们发现第 5 比特没有被置位，因此元素 Rome 一定不可能在过滤器中，并且我们甚至不用检查第 6 比特。

然而，过滤器也可能出现误报。考虑元素 Berlin，其散列值为：

$$h_1(\text{Berlin}) = \text{MurmurHash3}(\text{Berlin}) \bmod 10 = 1$$
$$h_2(\text{Berlin}) = \text{FNV1}a(\text{Berlin}) \bmod 10 = 7$$

过滤器中对应的第 1 比特和第 7 比特都已经被置位了，因此检索结果是该元素可能在过滤器中。同时，我们又知道之前并未添加该元素，这是一个发生散列碰撞的例子。需要注意的是，这种情况下，第 1 比特被 h_1 (Dublin) 置位，而第 7 比特是被 h_1 (Copenhagen) 置位的。

如果每个散列函数 $\{h_i\}_{i=1}^k$ 能够在一个固定的时间内被计算得出（这对绝大多数主流的散列函数都是可行的），那么添加一个新元素或者检索某元素的时间为固定的常数 $O(k)$，这与过滤器的长度 m 和过滤器中的元素数量无关。

布隆过滤器的表现高度依赖于所选取的散列函数。一个有着良好均匀性的散列函数会降低实际的误报率。从一方面看，每个散列函数的计算速度越快，每次操作所花费的时间就越短。因此在这里建议避免使用密码学中的散列函数。

例 2.5   防止密码泄露（Spafford，1991）

在一个网页服务注册界面中，我们想避免用户选择脆弱且容易泄露的密码。需要注意的是，在暗网中能够发现上亿个能够用来进行字典攻击的入侵密码。字典攻击是一种使用预先准备的列表中的所有密码反复尝试以通过验证的暴力入侵手段。因此，每当使用者输入一个新的密码，我们需要确保这个密码不在这样的列表中。然而，除了存储初始密码会降低安全性这个原因外，我们也不想维护一个会随着每个新加入的密码而线性增长的巨大集合，这会降低我们的检索速度（就如同在传统的数据库中一样）。

因此，使用空间高效的布隆过滤器是必要的。在这种背景下，若出现误报，我们会认为输入的密码是不合适的。因此，一旦出现这种罕见的情况，我们要求用户输入另一个密码，而这往往没有负面影响。

（1）计算过滤器中不同元素的数量

S. Joshua Swamidass 和 Pierre Baldi 提出了一种估计被引入过滤器中不同元素的数量的方法。实际上这种方法是下一章将讨论的基数估计算法的一种扩展，通过使用过滤器中已经被置位的位数结合每一位被置位的概率，提供了一个用来估计过滤中的元素数量的简单公式。因为加入两个完全一样的元素到过滤器中不会改变被置位的位数，所以这种估算方式给出了一种针对过滤器中的不同的元素数目（这也被称为基数）的近似值。

算法 2.3：计算过滤器中不同元素的数量

输入：长度为 m，含有 k 个散列函数的布隆过滤器 BloomFilter

输出：BloomFilter 中不同元素的个数

$N \leftarrow \underset{j=1...m}{\text{count}}(\textsc{BloomFilter}[j] = 1)$

if $N < k$ then
$\quad$ | return 0

```
if N = k then
    return 1
if N = m then
    return m/k
return -m/k · ln(1 - N/m)
```

（2）性质

- 可能出现假阳性。如上文指出，布隆过滤器并不存储元素本身，而几乎全都依赖于计算得到的散列值，这些散列值保存在比特数组中。这种空间高效的替代表示形式可能会导致非过滤器成员（没有被添加到过滤器中）被报告存在于过滤器中。这样的情形被称为假阳性。假阳性可能是由散列碰撞或是已经被存储的位的信息污染——在检索操作中，我们没有对某个特定的位是否已经被置位以及我们所要比较的散列函数相同的函数置位的先验知识。

布隆过滤器原理[Br04]：无论我们在哪里应用列表或者集合时，当存储空间十分有限时，若误报的影响可忽略不计，则可以考虑使用布隆过滤器。

幸运的是，假阳性很少发生，其概率P_{fp}很容易地估算（实际上，这是一个下界）：

$$P_{\text{fp}} \approx (1 - e^{-\frac{kn}{m}})^k \tag{2-1}$$

正如我们能够从式（2-1）中看到的，在期望元素总数 n 固定的情况下，假阳性率取决于 k 和 m 的选择。很显然，这是在过滤器的大小、散列函数的数量与误报率之间做出权衡。

在极端情况下，当过滤器已满（意味着所有比特都被置1）时，每一次查询都会得到（假）阳性结果。这意味着对于 m 的选择取决于期望加入过滤器中的元素数量 n（或其估计值），且 m 远大于 n。

实际情况中，在假阳性率 P_{fp} 以及期望元素数量 n 确定时，过滤器的长度 m 由公式（2-2）决定：

$$m = -\frac{n \ln P_{\text{fp}}}{(\ln 2)^2} \tag{2-2}$$

因此为保持误报率不变，过滤器的大小与元素数量呈线性关系。

对于给定比例 m/n，其意义为每个元素所需要分配的平均存储位数，假阳性率可以通过改变散列函数的数量 k 进行调整。最优的 k 值可通过最小化公式(2-1) 中的假阳性率来计算的：

$$k = \frac{m}{n} \ln 2 \tag{2-3}$$

> 　换句话来说，散列函数的最优数量 k 约为每个元素平均比特数的 0.7 倍。因为 k 必须为一个整数，因此向下取整的 k 的次优值是更为常用的。

表 2-1 中列出了一些被广泛使用的接近最优的解决方案。

表 2-1　接近最优的参数选择

k	$\dfrac{m}{n}$	P_{fp}
4	6	0.056 1
6	8	0.021 5
8	12	0.003 14
11	16	0.000 458

例 2.6 *参数估计*

根据公式(2-2)，为了使假阳性率 P_{fp} 维持在 1% ，过滤器的大小需要 10 倍于期望元素总数 n，并且需要使用 6 个散列函数。然而，过滤器的大小与元素的大小本身无关，且对于不同特性的元素过滤器大小都保持不变。

布隆过滤器可以大体上被看作多个散列表。实际上，只有一个散列函数的过滤器就是一个散列表。然而，通过使用多个散列函数，布隆过滤器可以保持恒定的假阳性率，甚至保持一个固定的每个元素所占据的位的数量。但这些散列表是无法实现的。

- 不可能出现假阴性。与上述情形相反的是，如果布隆过滤器判断某特定元素不是过滤器的成员，则该元素一定不在该集合当中：

$$P_{\text{fn}} = 0 \qquad\qquad (2\text{-}4)$$

- 当被存储在内存上时表现较好。正如上文已经提到的，假阳性率可以通过分配更多的存储空间而得到降低，这就是为什么人们更倾向于创建一个较大的过滤器（有更大的 m）。

然而，当被存储在内存上时，这种传统的布隆过滤器的表现非常好。一旦过滤器太大以至于不得不被移动到磁盘上时，就立即出现了由于设计导致的问题——均匀分布的散列函数产生了随机索引，该索引每次都需要随机访问。这对使用扇区以及移动的磁头来进行访问的硬盘是十分不友好的（使用固态存储设备会好得多，但效果仍不是最佳）。

例 2.7　需要的存储空间

根据公式(2-2)，为了处理数量为 10 亿的元素，将假阳性率控制在 2% 左右，且使用最优的散列函数个数，我们需要选择一个含有 $m = -10^9 \cdot \ln(0.02)/(\ln2)^2 \approx 8.14 \cdot 10^9$ 比特的过滤器，粗略估算这需要 1GB 的存储空间。

对于两个大小相同的布隆过滤器，当且仅当它们具有一样的散列函数时才能够进行合并。合并需要进行按位或运算，得到的结果与使用两集合取并集后的元素建立的布隆过滤器的结果是完全一样的。对两个完全相同的布隆过滤器进行取交集运算可以通过按位与操作实现。然而，取交集后的过滤器碰撞率更高。

不幸的是，若空间被耗尽且在不重新计算已经在过滤器中的元素的散列值的情况下，是无法调整布隆过滤器的大小的。而在大数据应用中，重新计算大量元素的散列值是不大可行的。

例 2.8　共享缓存（Fan，2000）

设想一个网络中的分布式缓存代理列表 P_1，P_2，…，P_n，它们在网络中共享缓存。若请求的 URL 内容已经存储在了代理 P_i 中，则代理不需要向远距离的服务器发出实际的请求即可返回（相应的内容）。否则，请求的内容需要被检索，然后存储到本地，最终发送到客户端。

以最小化网络拥堵和分配存储空间为目标，我们可以在代理网络内建立一个路由表，并尝试将请求转发到一个已经存储了相关内容的代理中，若没有则向远程服务器发出请求。因为客户端发出的请求能够去往任一代理，所以在每个代理中共享路由表，以及当其发生改变时，在网络中进行必要的内部交换或混合成为了一个问题。

布隆过滤器是一个能够存储这种路由表并在成员归属查询中表现良好的首选。由于它占用空间很小，因此其在网络中也可以轻松地进行传递。

在这种情况下，假阳性事件是某个代理 P_i 认为另一个代理 P_j 可能具有与请求的 URL 相关的内容，但实际上它并没有。P_i 路由到 P_j 并请求 P_j 返回相关的内容，因此 P_j 不得不向远距离服务器发出请求。结果是产生了一些额外的网络拥堵，并在本地存储了多余的与该内容相关的信息，这完全可以接受。

- 不支持删除。若想要在布隆过滤器中删除某个特定元素，则需要将其在比特数组中相应的 k 个位复位。不巧的是，由于散列碰撞以及不同元素的共享，单一位可能对应多个元素。

目前已经出现了大量的支持删除元素的扩展工作，但这些工作都是通过花费存储空间和运算速度实现的。这也说明了为什么布隆过滤器计算速度快，空间效率高。

幸运的是，不支持删除操作对许多实践中的应用程序来说并不是问题。但如果确实需要对元素进行删除，则不得不选择布隆过滤器的改进方法，例如计数布隆过滤器。

2.2 计数布隆过滤器

支持元素删除操作的经典布隆过滤器的最流行的改进方法是**计数布隆过滤器**（counting bloom filter），由 Li Fan，Pei Cao，Jussara Almeida 和 Andrei Z. Broder 在 2000 年提出[Fa00]。它以经典的布隆过滤器为基础，引入大小为 m 的计数器数组 $\{C_j\}_{j=1}^m$，其中每个计数器对应布隆过滤器数组中的每个比特。

在每次添加元素时，计数布隆过滤器可通过增加相应的计数器的值来近似估算每个元素在过滤器中的出现次数。对应的计数布隆过滤器数据结构包含一个比特数组和一个计数器数组，这两个数组长度均为 m 且初始化为零。

当我们将新元素插入计数布隆过滤器时，我们首先计算其对应的比特位位置，然后增加每个位置关联的计数器的值，并且只有当计数器的值从 0 变为 1 时，才设置过滤器中的比特，类似于经典算法 2.1 的步骤。

算法 2.4：将元素添加到计数布隆过滤器中

输入：元素 $x \in \mathbb{D}$

输入：包含 m 个计数器 $\{C_j\}_{j=1}^{k}$ 和 k 个散列函数 $\{h_i\}_{i=1}^{k}$ 的计数布隆过滤器

```
for i ← 1 to k do
    j ← hᵢ(x)
    Cⱼ ← Cⱼ + 1
    if Cⱼ = 1 then
        COUNTINGBLOOMFILTER[j] ← 1
```

检测操作看起来与经典布隆过滤器算法 2.2 完全相同，因为我们根本不需要检查计数器。检测元素所需的时间与经典算法相当，因为过滤器的比特数组相同。

算法 2.5：检测计数布隆过滤器中的元素

输入：元素 $x \in \mathbb{D}$

输入：计数布隆过滤器 CountingBloomFilter 和 k 个散列函数 $\{h_i\}_{i=1}^{k}$

输出：False（如果元素不存在）；True（如果元素可能存在）

```
for i ← 1 to k do
    j ← hᵢ(x)
    if COUNTINGBLOOMFILTER[j] ≠ 1 then
        return False
return True
```

元素删除与元素插入的过程类似但顺序相反。为了删除元素 x，我们计算所有 k 个散列值 $h_i = \{h_i(x)\}_{i=1}^{k}$ 并减少对应计数器的值。如果计数器的值从 1 变为 0，则该计数器在比特数组的对应比特需要被复位。

算法 2.6：从计数布隆过滤器删除元素

输入：元素 $x \in \mathbb{D}$

输入：包含 m 个计数器 $\{C_j\}_{j=1}^{k}$ 和 k 个散列函数 $\{h_i\}_{i=1}^{k}$ 的计数布隆过

滤器
```
for i ← 1 to k do
    j ← h_i(x)
    C_j ← C_j - 1
    if C_j = 0 then
        CountingBloomFilter[j] ← 0
```

算法 2.6 预设元素 x 存在于（或可能存在于）过滤器中，因此可能需要在减少相应的计数器之前对元素 x 进行检索。

（1）性质

计数布隆过滤器具有经典布隆过滤器的所有性质，包括假阳性误差估计以及根据公式（2-2）和（2-3）给出 m 和 k 的最佳选择。

很自然地，计数布隆过滤器占用空间比经典布隆过滤器要多得多，因为要为计数器分配额外的内存空间，即使这些计数器的大部分值均为 0。因此，估计这些计数器占用空间的大小及其与过滤器的长度 m 和散列函数的个数 k 的关系是很重要的。

假设每个计数器 C 的最大值为 N，则对于一个长度为 m，并根据关系公式（2-3）选择最优散列函数个数 k 的计数布隆过滤器来说，计数器的值超过 N 的概率（又被称为溢出概率）为

$$\Pr(\max(C) \geqslant N) \leqslant m \cdot \left(\frac{e\ln 2}{N}\right)^N \qquad (2\text{-}5)$$

例如，对于 4 比特计数器（$N = 2^4 = 16$），通过公式（2-5）可知其溢出概率为

$$\Pr(\max(C) > 16) = m \cdot 1.37 \cdot 10^{-15}$$

换句话说，如果我们为每个计数器分配 4 比特，则对于实际应用中的 m 值来说（例如 m 为几十亿），在最初的插入阶段发生溢出的概率极小。经过多次删除和插入之后，溢出概率会略微增加，但对于实际使用来说仍然足够小。

为防止算术溢出（即增加已经具有最大可能的计数器的值），数组中的每个计数器必须足够大才能保留布隆过滤器的属性。在实践中，计数器会占用 4 个或更多比特。因此，一个计数布隆过滤器需要比传统布隆过滤器多四倍的空间。

这取决于具体的应用场景，如果一个 4 比特的计数器的值大于 15 的话，我们可以简单地"冻结"该计数器，并保持该计数器的值一直为 15。经过多次删除后，这可能会导致计数布隆过滤器产生假阴性响应（计数器在不应该为 0 时变为 0）。但是，这样一连串事件的概率非常低，以至于我们的应用程序很可能会重新启动并重新创建过滤器。

然而，可以使用更小的计数器（例如，2 位）设计一个更复杂的计数布隆过滤器版本，并且通过采用类似于散列表中的封闭寻址的方法引入辅助散列表来管理溢出的计数器。

因此，计数布隆过滤器仅支持概率上正确的删除，因为一旦某个计数器的值超过其最大值，就会产生误差。

尽管有这些特点，但 Apache Hadoop 和 Apache Spark 在 MapReduce 应用程序中广泛使用计数布隆过滤器，通过减少数据量来加速大型集群上的大型数据集的处理。

2.3　商数过滤器

由于任何操作都需要多次随机访问，因此当经典的布隆过滤器和其变种不适合主内存时，它们对存储完全不友好。作为支持布隆过滤器基本操作，但具有更好的数据局部性并且只需要少量的连续磁盘访问的数据结构之一，商数过滤器（quotient filter）由 Michael Bender 等人于 2011 年提出[Be11]。

商数过滤器在空间和时间方面的性能可与布隆过滤器相提并论，支持元素删除，并且可以动态调整大小或合并。此数据结构的名称源自作为除法运算结果的算术商。

给定数据集 $\mathbb{D}=\{x_1, x_2, \cdots, x_n\}$，商数过滤器对数据集中的每个元素存储大小为 p 比特的指纹，并仅通过一个散列函数生成这些指纹。为保证足够的随机性，散列函数应生成均匀且独立分布的指纹。

在 Donald Knuth 提出的商法中，每个指纹 f 被分割为长度为 q 比特的最高有效位（商），和长度为 r 比特的最低有效位（余数）。

算法 2.7：商法

输入：指纹 f

输出：商 f_q 和余数 f_r

$f_r \leftarrow f \bmod 2^r$

$f_q \leftarrow \left\lfloor \frac{f}{2^r} \right\rfloor$

return f_q, f_r

在实际中，为了改善空间局部性，商数过滤器的数据结构使用一个紧凑的开放寻址散列表。该散列表包括 $m = 2^q$ 个桶，其中余数 f_r 存储在以商 f_q 为索引的桶中。可能的散列碰撞由线性探测解决。

> 给定存储在桶 f_q 中的余数 f_r，完整的指纹可以被唯一地重建为
>
> $$f = f_q \cdot 2^r + f_r$$

每个桶包含三个元比特 is_occupied、is_continuation 和 is_shifted，均初始化为 0。三个元比特在数据结构中起着重要作用。

- 桶 j 为某个指纹 f 的规范桶（$f_q = j$）且该指纹存储在桶 j 中时，is_occupied 被置为 1。
- 桶中存储的余数不是第一个被映射到该桶的余数时，is_continuation 被置为 1。
- 桶中存储的余数的规范桶为其他桶时，is_shifted 被置为 1。

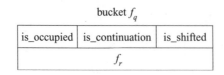

图 2.1　商数滤波器中的桶

两个不同指纹 f 和 f' 的商相等（即 $f_q = f'_q$）称为软碰撞。软碰撞可以通过之前讨论的线性探测策略来解决。在商数过滤器中，它是通过在一个

运行中连续存储具有相同商数的所有指纹余数来实现的。如有必要，余数可以从其原始位置向前移动并存储在接下来的桶中，数组的末尾位置则循环到初始位置，实现环绕。

算法 2.8：使用右移到空桶

输入：桶索引 k

输入：长度为 m 的商数过滤器 QuotientFilter

$prev \leftarrow \text{QUOTIENTFILTER}[k]$

$i \leftarrow k + 1$

while True do

   if $\text{QF}[i] = \text{NULL}$ then

      $\text{QF}[i] \leftarrow prev[i]$

      $\text{QF}[i].\text{is\_continuation} \leftarrow 1$

      $\text{QF}[i].\text{is\_shifted} \leftarrow 1$

      return QF

   else

      $curr \leftarrow \text{QF}[i]$

      $\text{QF}[i] \leftarrow prev$

      $\text{QF}[i].\text{is\_continuation} \leftarrow prev.\text{is\_continuation}$

      $\text{QF}[i].\text{is\_shifted} \leftarrow prev.\text{is\_shifted}$

      $prev \leftarrow curr$

      $prev.\text{is\_continuation} \leftarrow curr.\text{is\_continuation}$

      $prev.\text{is\_shifted} \leftarrow curr.\text{is\_shifted}$

   $i \leftarrow i + 1$

   if $i > m$ then

      $i \leftarrow 0$

一个或多个连续运行之间没有空桶的序列称为集群。所有集群前面都紧跟着一个空桶，并且该空桶第一个值的 is_shifted 比特永远不会被置位。

内部散列表紧凑地存储在一个数组中，以减少所需的内存，实现更好的数据局部性；然而，这使得通过它的导航非常复杂。

考虑设计用于查找运行的扫描函数。扫描函数首先从 f 的规范桶向后走，以找到集群的初始位置。一旦找到集群的初始位置，扫描函数就会再次前进以找到桶 f_q 的第一个余数的位置，即运行 r_{start} 的实际开始位置。

算法 2.9：扫描商数过滤器以找到运行

输入：规范桶索引 f_q，商数过滤器 QF

```
j ← f_q
while QF[j].is_shifted = 1 do
   ⌊ j ← j − 1
r_start ← j
while j ≠ f_q do
   /* skip all elements in the current run and find the next occupied bucket    */
   repeat
      ⌊ r_start ← r_start + 1
   until QF[r_start].is_continuation ≠ 1
   repeat
      ⌊ j ← j + 1
   until QF[j].is_occupied = 1
r_end ← r_start
repeat
   ⌊ r_end ← r_end + 1
until QF[r_end].is_continuation ≠ 1
return r_start, r_end
```

当我们想将一个新的元素插入到商数过滤器中时，我们首先计算其商数和余数。如果该元素的规范桶为空，则该元素可以立即通过如算法 2.10 所述的插入过程插入到过滤器中。除此之外，在插入之前，需要使用算法 2.9 中的扫描函数找到合适的桶。一旦找到正确的桶，实际插入仍然需要将 f_r 适当地合并到已存储元素的序列中，这可能需要将后续元素右移并分别更新相应的元数据比特。

结合算法 2.8 给出的适当桶的选择策略和右移函数，我们可以制定下面的完整插入过程。

算法 2.10：将元素添加到商数过滤器中

输入：元素 $x \in \mathbb{D}$

输入：商数过滤器和对应散列函数 h

```
f ← h(x)
f_q, f_r ← f
if QF[f_q].is_occupied ≠ 1 and QF[f_q] is empty  then
   QF[f_q] ← f_r
   QF[f_q].is_occupied ← 1
   return True
QF[f_q].is_occupied ← 1
r_start, r_end ← Scan(QF, f_q)
```

```
for i ← r_start to r_end do
    if QF[i] = f_r then
        /* f_r already exists                                    */
        return True
    else if QF[i] > f_r then
        /* insert f_r in the bucket i and shift others           */
        QF ← ShiftRight(QF, i)
        QF[i] ← f_r
        return True
/* the run should be extended with the new element              */
QF ← ShiftRight(QF, r_end + 1)
QF[r_end + 1] ← f_r
return True
```

根据线性探测模式，大多数运行的长度为 $O(1)$，并且过滤器的作者指出，所有运行的长度很可能为 $O(\log m)$。

例 2.9 向过滤器中添加元素

考虑如下 16 比特指纹的商数过滤器，该过滤器使用 32 比特的 MurmurHash3 散列函数：

$$h(x) := \text{MurmurHash3}(x) \bmod 16$$

对于分桶，我们保留 $q=3$ 个最高有效位。因此商数过滤器的大小为 $m = 2^3 = 8$，我们将剩余的 $p=13$ 个比特位存储到选定的桶中。

就像例 2.3 中一样，我们开始索引大写的名称，添加到过滤器中的第一个元素是 Copenhagen。我们需要通过散列函数 h 计算其指纹：

$$f = h(\text{Copenhagen}) = 4\,248\,224\,207$$

根据算法 2.7，其商和余数分别为

$$f_q = \left\lfloor \frac{f}{2^{13}} \right\rfloor = 7$$

$$f_r = f \bmod 2^{13} = 490\,127\,823$$

元素 Copenhagen 的规范桶是 $j = f_q = 7$，我们在该桶内为其余数 f_r 进行索引。此时插入很简单，因为所有的桶都没被占用，我们在索引为 7 的桶中插入 $f_r = 490\,127\,823$，并将 is_occupied 位置为 1：

0	1	2	3	4	5	6	7
0 0 0	0 0 0	0 0 0	0 0 0	0 0 0	0 0 0	0 0 0	1 0 0
							490 127 823

同样地，我们对元素 Lisbon 进行索引，其指纹为 $f=629\,555\,247$，规范桶为 1；元素 Paris 的指纹 $f=2\,673\,248\,856$，规范桶为 4。由于上述规范桶均为空，我们将各自的余数插入对应的桶中并将 is_occupied 位置位：

0	1	2	3	4	5	6	7
0 0 0	1 0 0	0 0 0	0 0 0	1 0 0	0 0 0	0 0 0	1 0 0
	92 684 335			525 765 208			490 127 823

接下来，我们插入指纹为 $f=775\,943\,400$ 的元素 Stockholm，其规范桶为 $j=f_q=1$，余数为 $f_r=239\,072\,488$。然而，其规范桶 1 的 is_occupied 位已被置位，意味着该桶中已经存储了其他元素的余数（本例中为元素 Lisbon）。

由于 is_shifted 位和 is_continuation 仍未被置位，因此我们在集群的初始位置，这也是运行的初始位置。余数 f_q 大于已被索引的值 92 684 335，因此它应当被存储到下一个空桶（桶 2）中。桶 2 的 is_shifted 和 is_continuation 也相应被置 1。然而，桶 2 的 is_occupied 位仍未被置位，因为没有规范桶为 2 的余数存储进来。

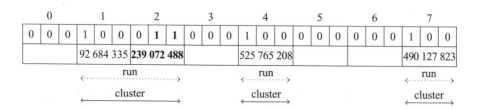

下一个元素是 Zagreb，其指纹为 $f=1\,474\,643\,542$，规范桶为 $j=2$，余数为 $f_r=400\,901\,718$。不幸的是，如指示位 is_shifted 所示，桶 2 中已经存储某个移位值。不过其 is_occupied 位仍未被置位。因此，其余数 f_r 也不得不移位存储到下一个空桶中，本例中为桶 3。

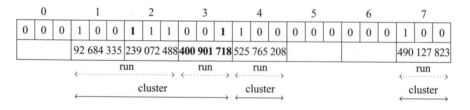

我们使用 is_shifted 位表明桶包含从其规范位置偏差的值，但是保持对应 is_continuation 位未置位，因为它是与该规范桶关联的第一个元素。此外，我们对桶 2 的 is_occupied 位置位以表明至少有一个存储的余数将其作为其规范桶。

最后，我们插入元素 Warsaw，其指纹为 $f = 567\ 538\ 184$，商和余数分别为

$$f_q = \left\lfloor \frac{f}{2^{13}} \right\rfloor = 1$$

$$f_r = f \bmod 2^{13} = 30\ 667\ 272$$

其规范桶为 $j = f_q = 1$。通过 is_occupied 位可知该桶已存储元素。然而，其 is_shifted 和 is_continuation 位仍未被置位，意味着我们在集群的初始位置，那也是运行的初始位置。其余数 f_q 小于桶中存储的值 92 684 335，因此它应该被存入该规范桶中，其他所有的余数值应当被移位并标记为一次延续。在这种情况下，移位也会影响其他运行的余数，迫使我们也将它们移位，设置移位比特并镜像延续比特（如果它们被设置为当前位置）。

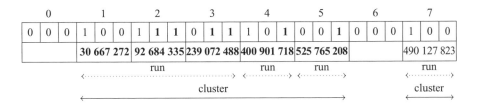

元素的测试可以通过与插入相同的方式来完成。我们通过观察 is_occupied 位来检查被测试元素的规范桶是否在过滤器的某处至少有一个相关的余数。如果未设置该位，我们可以得出结论，该元素肯定不在过滤器中。否则，我们使用算法 2.9 给出的扫描程序扫描过滤器，以找到适合桶的运行。接下来，在该运行中，考虑到它们都已排序，我们将存储的余数与测试元素的余数进行比较。如果找到这样的余数，我们可以报告该元素可能存在于过滤器中。

算法 2.11：检测商数过滤器中的元素

输入：元素 $x \in \mathbb{D}$

输入：商数过滤器和对应散列函数 h

输出：**False**（如果元素不存在）；**True**（如果元素可能存在）

```
f ← h(x)
f_q, f_r ← f
if QF[f_q].is_occupied ≠ 1 then
    return False
else
    r_start, r_end ← Scan(QF, f_q)
    /* search for f_r within the run                    */
    for i ← r_start to r_end do
        if QF[i] = f_r then
            return True
    return False
```

例 2.10   检测过滤器中的元素

考虑我们在例 2.9 中构建的 QuotientFilter 数据结构：

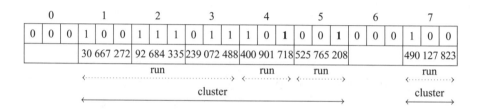

让我们测试元素 Paris。如前计算，其商 $f_q=4$，余数 $f_r=525\ 765\ 208$。桶 4 已经被占用，意味着过滤器中某处的至少一个余数将其作为规范桶。我们此时不能比较桶中的值和该余数，因为桶中的 is_shifted 位已被置位，我们需要在当前集群中找到对应于规范桶 4 的运行。

因此，我们从桶 4 向左扫描并统计 is_occupied 位被置位的桶的个数，直到我们到达集群的开始。在我们的例子中，集群始于桶 1，并且有两个被占据的桶（桶 1 和桶 2）位于桶 4 的左侧。因此，我们运行的是集群中的第三个，我们需要从集群的开头（桶 1）开始扫描，直到我们通过对未设置 is_continuation 位的桶计数来达到该运行。最后，我们发现运行从桶 5 开始，并开始比较存储的余数，考虑到它们是按升序排序的。

桶 5 中的值精确地匹配到余数 $f_q=525\ 765\ 208$，因此我们可以得出结论：元素 Paris 可能存在于过滤器中。

商数过滤器中的删除与添加新元素的处理方式非常相似。但是，由于具有相同商数的指纹的所有剩余部分根据其数字顺序连续存储，因此从集群中删除剩余部分必须移动所有指纹以填充删除后的"空"条目并分别修改元数据位。

算法 2.12：使用左移填充空桶

输入：桶索引 k

输入：长度为 m 的商数过滤器

$i \leftarrow k+1$
while $\text{QF}[i] \neq \text{NULL}$ do
$\quad$ $\text{QF}[i-1] \leftarrow \text{QF}[i]$
$\quad$ $\text{QF}[i-1].\text{is\_continuation} \leftarrow \text{QF}[i].\text{is\_continuation}$
$\quad$ $\text{QF}[i-1].\text{is\_shifted} \leftarrow \text{QF}[i].\text{is\_shifted}$
$\quad$ $\text{QF}[i] \leftarrow \text{NULL}$
$\quad$ $\text{QF}[i].\text{is\_continuation} \leftarrow 0$
$\quad$ $\text{QF}[i].\text{is\_shifted} \leftarrow 0$
$\quad$ $i \leftarrow i+1$
$\quad$ if $i > m$ then
$\quad\quad$ $i \leftarrow 0$

首先，我们需要检查规范桶内是否被元素占用，否则该元素肯定不在过滤器中，我们可以到此结束。之后，我们使用扫描过程找到合适的桶，删除请求的元素（如果存在），移动后续元素并更新相应的元数据位。请注意，如果删除的余数是其规范桶的最后一个，我们也会取消设置 is_occupied位。

算法 2.13：将元素从商数过滤器中删除

输入：元素 $x \in \mathbb{D}$

输入：商数过滤器和对应散列函数 h

输出：False（如果元素不存在）；True（如果元素可能存在）

$f \leftarrow h(x)$
$f_q, f_r \leftarrow f$
if $\text{QF}[f_q].\text{is\_occupied} \neq 1$ then
$\quad$ return True
$r_{\text{start}}, r_{\text{end}} \leftarrow \textbf{Scan}(\text{QF}, f_q)$
for $i \leftarrow r_{\text{start}}$ to r_{end} do
$\quad$ if $\text{QF}[i] = f_r$ then
$\quad\quad$ /* element found and can be deleted $\qquad\qquad$ */
$\quad\quad$ $\text{QF}[i] \leftarrow \text{NULL}$
$\quad\quad$ if $r_{\text{start}} = r_{\text{end}}$ then

```
            │  │  ⌊ QF[i].is_occupied ← 0
            │  │  else if i < r_end then
            │  │  ⌊ QF ← ShiftLeft(QF, i + 1)
            │  ⌊ return True
        return False
```

性质

- 假阳性是可能的。商数过滤器数据结构是多组指纹的紧凑表示，其误报率是关于散列函数 h 和添加到过滤器中的元素数 n 的函数。

此外，两个不同元素的余数和商可能具有相同的值，这称为硬碰撞。由于这种极其罕见的事件，可能会发生误报，其概率 P_{fp} 的上限为

$$P_{fp} \approx 1 - e^{-\frac{n}{2^p}} \leqslant \frac{n}{2^p} \qquad (2\text{-}6)$$

如公式(2-6)所示，在预期元素数量固定为 n 的情况下，在误报概率 P_{fp} 和指纹长度 p 之间存在权衡。

在实际使用中，商数过滤器使用长度为 32 位或 64 位的指纹。

与其他散列表类似，负载因子在商数过滤器中非常重要，我们希望分配至少与我们期望的元素一样多的桶，这意味着我们选择桶的数量 m 为：

$$m := 2^q > n \qquad (2\text{-}7)$$

并且由公式(2-6)计算可得余数的长度为：

$$r = \left\lceil \log_2 \left(-\frac{n}{2^q} \cdot \frac{1}{\ln(1 - P_{fp})} \right) \right\rceil \qquad (2\text{-}8)$$

- 不存在假阴性。与本章中的其他数据结构类似，如果商数滤波器发现一个元素不在过滤器中，那么该元素肯定不是集合中的成员：

$$P_{fn} = 0 \qquad (2\text{-}9)$$

商数过滤器比布隆过滤器多占用 20% 左右的空间，但是比布隆过滤器更快。这是由于每次访问只需要评估一个散列函数，而且所有数据都存储在连续的块中。

商数过滤器的测试环节会导致单次缓存未命中，而布隆过滤器算法预期至少会出现两次。

[Be12] 中的内存性能比较结果表明，商数过滤器每秒可以处理 240 万次插入，而布隆过滤器限制在大约 69 万次。但是，对于元素的测试，它们几乎处于每秒约 200 万次的水平。

例 2.11 所需内存

如公式 (2-7) 所述，为了处理 10 亿个元素，商数过滤器必须要包含至少 2^{30} 个桶，这意味着我们不能使用短于 31 比特的指纹。如果我们想保持误报率在 2% 左右，则从公式 (2-8) 可推知余数所占用的比特长度为：

$$r = \left\lceil \log_2\left(-\frac{10^9}{2^{30}} \cdot \frac{1}{\ln(1-0.02)} \right) \right\rceil = 6$$

因此，指纹所需的长度为 $p = q + r = 36$ 比特，其中前 30 比特用于分桶，其余 6 比特存储在适当的桶中。由于每个桶中还包含三个元数据比特，因此商数过滤器的总大小为 $9 \cdot 2^{30}$ 比特，大概是 1.2GB 内存空间。

商数过滤器可以从存储的数据中恢复指纹，因此支持删除、合并和调整大小。合并不会影响过滤器的误报率，与仅支持概率正确删除的计数布隆过滤器相比，商数过滤器中的删除总是正确的。

可以通过迭代过滤器并将每个指纹复制到新分配的数据结构中，完成商数过滤器的大小调整（缩小和扩展），无须重新散列。可以使用类似合并排序的算法合并两个或多个商数过滤器，合并排序采用的是由约翰·冯·诺依曼发明的分治排序算法。因此，可以并行扫描所有输入过滤器，并将合并结果写入输出过滤器。

在商数过滤器中执行测试、添加或删除所需的时间取决于向后和向前扫描的时间。

但是，商数过滤器的设计重点是大数据（例如，使用 64 比特散列函数处理 10 亿个元素），而对于中小型数据集，其复杂性可能会降低收益。

2.4 布谷过滤器

为了支持删除操作，大多数对布隆过滤器的改进版本要么在空间效率上妥协，要么在表现上妥协。为了解决这个问题，Bin Fan、David Anderson、Michael Kaminsky 和 Michael Mitzenmacher 于 2014 年[Fa14]提出前文提到的基于布谷散列表的紧凑型结构——**布谷过滤器**（Cuckoo Filter）。对每一个加入的元素，布谷过滤器只存储长度为 p 比特的"指纹"信息，而非布谷散列表中存储的键值对。

布谷过滤器易于实现，且支持动态添加、删除元素。相比其他布隆过滤器的改进版本，在实际应用中，布谷过滤器使用的空间更少，且表现更好。

布谷过滤器的数据结构是一个多路关联的布谷散列表，该散列表包含 m 个桶，每个桶至多存储 b 个值。在标准的布谷散列中，当想要添加一个新的元素时，若该新元素占用了一个已有元素的位置，那么为了决定将先前存放在该位置的元素重新存放在哪里，需要访问先前存放的元素。然而，由于布谷过滤器只存储指纹，因此无法重新存放先前存放的元素，也无法重新计算它们的散列值来寻找散列表中的新桶。

为了解决这一难题，并且仍然使用布谷散列，布谷过滤器使用 Partial-Key 布谷散列。通过该布谷散列，我们可以从已有元素的指纹，而不是元素本身获得可以存储该元素的新桶。

根据上文所述的思路，对于每个待插入元素 x，算法都会计算一个长度为 p 比特的指纹 f，进而得到两个候选桶的索引：

$$\begin{cases} i = h(x) \bmod m \\ j = (i \oplus (h(f) \bmod m)) \bmod m \end{cases} \tag{2-10}$$

为了使元素能够在散列表中均匀分布，指纹 f 需要在公式（2-10）中执行异或运算之前，由散列函数 h 进行一次额外散列。

当指纹的长度 p 小于过滤器的长度 m 时，异或运算只改变少量低位的值，大部分高位保持不变。这说明从初始位置被挪出的元素的替代位置会彼此靠得非常近，而且散列表中的分布会出现偏离，这会影响过滤器的效率。

对指纹散列能够确保这些元素会被重新定位到散列表中的位于其他地方的桶中，因此可以减少出现散列碰撞的现象，从而提高表的利用率。

公式 (2-10) 中的异或运算保证了一条重要性质。即在已知元素的初始桶 k 的情况下，可以在不必存储完整的元素的同时计算其替代桶 k^*：

$$k^* = (k \oplus h(f)) \bmod m \tag{2-11}$$

为了向布谷过滤器中添加一个新元素 x，我们需要通过公式 (2-10) 计算两个候选桶的索引。若其中至少一个桶中存在空位置，则将元素插入到该位置中。否则我们随机挑选两个位置其中任意一个，将元素 x 存入其中（替换原位置的元素），并使用公式 (2-11) 计算被替换元素的替代桶。若被替换元素的替代桶中没有位置或者替换的次数还未达到上限，则不断重复替换过程。若一次替换过程达到最大替换次数，则认为过滤器已满。

算法 2.14：向布谷过滤器中添加元素

输入：元素 $x \in \mathbb{D}$

输入：有散列函数 h 和 fingerpeinting 的 CuckooFilter

输出：如果元素已经被加入则为 Truc，否则为 False

$f \leftarrow \texttt{fingerprint}(x)$

$i \leftarrow h(x)$

$j \leftarrow i \oplus h(f)$

if CUCKOOFILTER[i] has empty space then
  CUCKOOFILTER[i].add(f)
  return True

else if CUCKOOFILTER[j] has empty space then
  CUCKOOFILTER[j].add(f)
  return True

```
k ← sample({i, j})
for n ← 0 to MaxIter do
    x ← sample(CUCKOOFILTER[k])
    swap f and the fingerprint stored in entry x
    k = k ⊕ h(f)
    if CUCKOOFILTER[k] has empty space then
        CUCKOOFILTER[k].add(f)
        return True
return False
```

例 2.12 向过滤器中添加元素

设想一个布谷过滤器，其长度 $m=8$，方便起见，令每个桶中存储的指纹比特数 $p=16$。使用一个 32 比特的 MurMurHash3 散列函数来计算元素的"指纹"和其对应的桶。

和其他的例子类似，我们选择添加国家首都的名称。本例中，从 Copenhagen 开始，它的指纹为：

$$f = \text{MurmurHash3}(\text{Copenhagen}) \bmod 2^p = 49\ 615$$

这时可以根据公式(2-10) 求出存放的初始位置：

$$i = \text{MurmurHash3}(\text{Copenhagen}) \bmod m = 7$$

替代位置 j 可以从 i 及指纹 f 计算可知，如下所示：

$$j = (i \oplus \text{MurmurHash3}(f)) \bmod m = (1 \oplus 34\ 475\ 545) \bmod 10 = 0$$

因此我们可以将指纹 f 存储到桶 7 和桶 0 中，且因为过滤器为空，所以我们选择初始的桶（桶 7）进行存放：

0	1	2	3	4	5	6	7	8	9
							49 615		

类似地，我们添加元素 Athens，其指纹 $f=27\ 356$，候选桶为桶 0 和桶 7。初始桶 0 并没有被占据，因此允许将其存储到桶 0 中：

0	1	2	3	4	5	6	7	8	9
27 356							49 615		

考虑元素 Lisbon，其指纹 $f=16\ 431$，候选桶为桶 7 和桶 9。我们首

先考虑将其存储到桶 7 中，但在布谷过滤器中该位置已经被占用了，且已经达到了该桶的存储能力上限（每个桶只存储一个指纹）。因此我们检查桶 9，发现为空，于是将指纹存放在其中：

0	1	2	3	4	5	6	7	8	9
27 356							49 615		**16 431**

下一步，考虑元素 Helsinki。它的指纹 $f = 15\,377$，两个候选存储的索引均为 7。注意，这种索引碰撞的现象更容易出现在较小的过滤器中，如我们在本节使用的过滤器就是一个例子。桶 7 已经被占据，不能存储第二个元素。因此我们需要开始在滤波器中进行重定位的过程。首先，我们从（发生冲突的）桶 k 开始，用 f 替换桶 7 存储的值 49 615。然后使用公式(2-11)计算桶 k 的索引，并把指纹 49 615 存储到桶 k 中：

$$k = (7 \oplus \text{MurmurHash3}(49\,615)) \bmod 10 = 0$$

不幸的是，桶 0 已经存储指纹 27 356。于是，我们使用 49 615 替换 27 356。接着我们需要为指纹 27 356 计算新的桶索引：

$$k = (0 \oplus \text{MurmurHash3}(27\,356)) \bmod 10 = 7$$

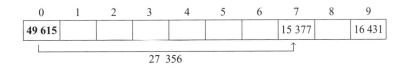

我们返回非空的桶 7，因此我们需要重复重定位的过程。首先，我们将 27 356 存放在桶 7 内，接着计算用以存放 15 377 这个值的新的桶索引：

$$k = (7 \oplus \text{MurmurHash3}(15\,377)) \bmod 10 = 7$$

由于在该指纹处发生了我们在前文中所提到的索引碰撞现象，我们再次将值 15 377 存储到桶 7 中，同时将指纹 27 356 重定位到新的桶 k 中：

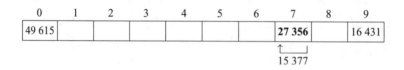

$$k = (7 \oplus \mathrm{MurmurHash3}(27\ 356)) \bmod 10 = 2$$

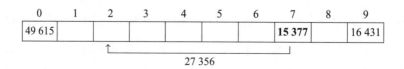

幸运的是，桶 2 是空的，因此我们可以将值 27 356 存入其中，并结束此次插入过程。

0	1	2	3	4	5	6	7	8	9
49 615		**27 356**					15 377		16 431

检测过滤器中是否存在某元素是简单明了的。首先，对于待检测元素，我们计算其指纹及候选存放桶。若该指纹存放在任一候选桶中，那么我们认为该元素可能存在。否则，该元素一定不存在于过滤器中。

算法 2.15：检测布谷过滤器中的元素

输入：元素 $x \in \mathbb{D}$

输入：有散列函数 h 和 fingerpeinting 的 CuckooFilter

输出：元素未找到则输出 False，元素可能存在则输出 True

$f \leftarrow \texttt{fingerprint}(x)$

$i \leftarrow h(x)$

$j \leftarrow i \oplus h(f)$

if $f \in \text{CuckooFilter}[i]$ or $f \in \text{CuckooFilter}[j]$ then

　| return True

return False

例 2.13 检测 Filter 中的元素

考虑例 2.12 中建立的布谷过滤器：

让我们来检索元素 Lisbon，它的候选存放桶为 7 和 9，前文已经计算得到指纹 $f = 16\,431$。我们发现 16 431 在桶 9 中，因此得出元素 Lisbon 可能存在于过滤器中。

0	1	2	3	4	5	6	7	8	9
49 615		27 356					15 377		16 431

相反，考虑元素 Oslo，它的指纹 $f = 53\ 104$，候选存放桶为桶 0 和桶 6。正如我们所见，桶 0 和桶 6 没有存储 53 104，因此 Oslo 一定不在滤波器中。

为了删除元素，我们计算元素的指纹，然后计算其候选存放桶的索引，并查询存储在相应桶中。如果待删除元素的指纹与候选存放桶中某个位置存储的指纹匹配，则从桶中将该指纹移除。

算法 2.16：删除布谷过滤器中的元素

输入：元素 $x \in \mathbb{D}$

输入：有散列函数 h 和 fingerpeinting 的 CuckooFilter

输出：如果元素被删除则返回 True，否则返回 False

$f \leftarrow \texttt{fingerprint}(x)$
$i \leftarrow h(x)$
$j \leftarrow i \oplus h(f)$
if $f \in \text{CUCKOOFILTER}[i]$ then
　　$\text{CUCKOOFILTER}[i].\text{drop}(f)$
　　return True
else if $f \in \text{CUCKOOFILTER}[j]$ then
　　$\text{CUCKOOFILTER}[j].\text{drop}(f)$
　　return True
return False

（1）性质

当布谷过滤器需要支持删除操作时，一定存储了相同值的多个副本，或者为每个存放的值分配了计数器。然而这两种方法都仅是概率上的正确，一种是由于桶受限的存储能力（我们不能在表中存放超过 $2b$ 个相同的值），另一种是由于计数器溢出，这在计数布隆过滤器中已经解释过了。但不具备删除功能的布谷过滤器就没有这个问题，且因为其不需要记忆被多次加入的完全一样的元素，从而具有更高的空间效率。

● 可能存在假阳性。不同的元素可能具有相同的指纹，但在大多数情况下它们在不同的候选存放桶中，因此仍可区分。但是对于这些元素，当它们的候选存放桶也相同时，就发生了散列碰撞。由于这种情况极其罕见，当出现假阳性时，可认为过滤器已满。假阳性率 P_{fp} 为：

$$P_{\mathrm{fp}} = 1 - \left(1 - \frac{1}{2^p}\right)^{2b} \approx \frac{2b}{2^p} \tag{2-12}$$

公式（2-12）说明在期望的元素数量 n 固定时，要在假阳性率 P_{fp} 与桶的大小 b 之间权衡。此外，也可以用指纹的长度 p 来进行补偿。直观上来看，如果指纹足够长，Partial-Key 布谷散列法就是对标准布谷散列法的良好近似，但较长的指纹会影响所需的存储空间。

因此，推荐的指纹长度 p 可以由式（2-13）估计：

$$p \geqslant \left\lceil \log_2 \frac{2b}{P_{\mathrm{fp}}} \right\rceil \tag{2-13}$$

如果我们想至少存储和输入的元素一样多的值到 m 个大小为 b 的桶中，那么过滤器长度的下界可由式（2-14）得到：

$$m \geqslant \left\lceil \frac{n}{b} \right\rceil \tag{2-14}$$

- 不存在假阴性。和其他的布隆过滤器的改进结构一样，如果布谷过滤器发现某元素不是其成员，那么该元素一定不存在于集合中：

$$P_{\mathrm{fn}} = 0 \tag{2-15}$$

布谷过滤器确保了较高的空间占用率，因其在添加新元素时妥善处理了更早添加的元素。然而，布谷过滤器有一个最大容量，用负载系数 α 表示。在达到负载系数的上界后，插入新元素变得困难，而且失败的可能性会增加。若要存储更多元素，则需要扩展散列表。

每个元素平均占用比特数 β 被定义为指纹的长度与负载系数 α 之比。在假阳性率 P_{fp} 固定时，β 可由式（2-16）估算：

$$\beta \leqslant \frac{1}{\alpha} \left\lceil \log_2 \frac{2b}{P_{\mathrm{fp}}} \right\rceil \tag{2-16}$$

因为布谷散列中使用了两个散列函数，在每个桶的大小 $b=1$ 时，即散列表的每个桶中仅存储一个指纹，负载系数为 50%。然而增加桶的大小可以提高表的占用率，例如对于 $b=2$ 和 $b=4$ 的情况，对应的负载系数分别为 84% 和 95%。

实验研究[Fa14]表明，大小为 $b\in\{1,2,3,4\}$ 的桶足够适用于实践中重要的场合了。

例 2.14 *需要的存储空间*

例如，假如我们想要使用布谷过滤器处理 10 亿个元素，将假阳性率和表的占用率分别保持在 2% 和 84% 左右。为了满足该负载系数，我们选择桶的大小 $b=2$。根据公式（2-14）可知，过滤器的长度 m 为 2^{29}。

根据公式（2-13），指纹的最小长度为：

$$p=\left\lceil\ \log_2\frac{4}{0.02}\ \right\rceil=8$$

因此指纹的长度为 8 比特，对应布谷过滤器的总大小为 $2\cdot8\cdot2^{29}$ 比特，大概占用 1.07GB 的存储空间。

为了和其他提及的过滤器在所需空间上进行对比，我们令 $b=1$，即散列表的占用率为 50%，且过滤器的长度为 $m=2^{30}$。根据公式（2-13），我们需要使用 9 比特的指纹，最终需要占用约 0.94GB 的存储空间。

实际上，布谷过滤器使用了与 d-left 计数布隆过滤器类似的方法，但布谷过滤器具有更好的空间效率且更易实现。对于那些存储大量元素且需要较低的假阳性率（低于 3%）的应用，布谷过滤器甚至比经过空间优化后的布隆过滤器使用更少的存储空间。

然而，当布谷过滤器达到了其最大的容量时，需要扩展其底层的散列表。在那之前，不可以向其中添加新的元素。相反，若使用布隆滤波器，则可持续向其中添加新元素，但代价是假阳性率的提高。

2.5 总结

本章关注成员问题，我们讨论了如何在大数据处理中替代或改进传统的散列表。我们介绍了布隆过滤器这一最著名的概率数据结构，并讨论其优缺点，进而介绍其在现实中广泛应用的一些改进结构。此外，我们还研究了当前（常用）的替代数据结构，这些结构具有更好的数据局部性，支持更多的操作，以及在大数据集中通过调节得到更好的表现。

如果你对这里包含的材料的更多信息有兴趣，又或者想阅读原始论文，请查看附于本章后的参考资料列表。

在下一章中，我们研究如何确定一个数据集中不同元素的个数。这在数据集庞大时十分具有挑战性。为高效地解决该问题，我们也需要基于概率的处理方法。

本章参考文献

[Al07] Almeida, P., et al. (2007) "Scalable Bloom Filters", *Information Processing Letters*, Vol. 101 (6), pp. 255–261.

[Be11] Bender, M., et al. (2011) "Don't Thrash: How to Cache your Hash on Flash", *Proceedings of the 3rd USENIX conference on Hot topics in storage and file systems*, Portland, pp. 1, USENIX Association Berkeley.

[Be12] Bender, M., et al. (2012) "Don't Thrash: How to Cache your Hash on Flash", *Proceedings of the VLDB Endowment*, Vol. 5 (11), pp. 1627–1637.

[Bl70] Bloom, B.H. (1970) "Space/Time Trade-offs in Hash Coding with Allowable Errors", *Communications of the ACM*, Vol. 13 (7), pp. 422–426.

[Bo06] Bonomi, F., et al. (2006) "An Improved Construction for Counting Bloom Filters", *Proceedings of the 14th conference on Annual European Symposium*, Vol. 14, pp. 684–695.

[Br04] Broder, A., Mitzenmacher, M. (2004) "Network Applications of Bloom Filters: A Survey", *Internet Mathematics*, Vol. 1 (4), pp. 485–509.

[Fa00] Fan, L., et al. (2000) "Summary cache: a scalable wide-area web cache sharing protocol", *Journal IEEE/ACM Transactions on Networking*, Vol. 8 (3), pp. 281–293.

[Fa14] Fan, B., et al. (2014) "Cuckoo Filter: Practically Better Than Bloom", *Proceedings of the 10th ACM International on Conference on emerging Networking Experiments and Technologies*, Sydney, Australia — December 02–05, 2014, pp. 75–88, ACM New York, NY.

[Ki08] Kirsch, A., Mitzenmacher, M. (2008) "Less hashing, same performance: Building a better Bloom filter", *Journal Random Structures & Algorithms*, Vol. 33 (2), pp. 187–218.

[Mi02] Mitzenmacher, M. (2002) "Compressed Bloom filters", *IEEE/ACM Transactions on Networking*, Vol. 10 (5), pp. 604–612.

[Ta12] Tarkoma, S., et al. (2012) "Theory and Practice of Bloom Filters for Distributed Systems", *IEEE Communications Surveys and Tutorials*, Vol. 14 (1), pp. 131–155.

第 3 章

基　　数

　　基数（cardinality）估计问题是一项从包含重复元素的数据集中查找不同元素的个数的任务。一般而言，要想确定一个集合的准确基数大小，经典的方法会构建一个列表统计所有元素，并使用排序和搜索的方式避免多次重复计算同一元素。对上述列表中的元素数量进行计数，即可准确得到不同元素的数目。但是，这种方法的时间复杂度为 $O(N \cdot \log N)$，其中 N 是包括重复元素在内的所有元素的数目，并且这种方法需要额外消耗线性大小的空间，这对涉及大基数数据集的大数据应用是不可行的。

　　例 3.1　独立访客数量统计

　　对于任何一个网站来说，一个重要的 KPI 指标是在特定时间段内访问过该网站的独立访客数量。简单起见，我们假设不同的访客使用不同的 IP 地址，因此我们需要统计不同 IP 地址的数量。根据 IPv6 网络协议，IP 地址可表示为 128 比特字符串的形式。这是一个简单的任务吗？我们能否仅仅使用传统方法来准确计算 IP 地址的数量？这将取决于该网站的受欢迎程度。

　　考虑 2017 年 3 月美国最受欢迎的三个零售网站的流量统计信息：amazon. com、ebay. com 和 walmart. com。根据 SimilarWeb[⊖] 的统计数据，这些网站的平均访客数量为 14.4 亿人次，每次访问平均浏览 8.24 个网页。因此，2017 年 3 月的统计数据包括约 120 亿个 IP 地址（每个 IP 地址为 128 比特），意味着总大小为 192GB。

　　如果我们假设在所有访客记录中不同的访客数量占据了十分之一，那么我们可以预计访客集合的基数为 1.44 亿，用来存储独立访客 IP 地址的

　　⊖　流量统计总览见：http://www. similarweb. com/website/amazon. com? competitors: ebay. com

存储空间为 2.3GB。

另一个例子也说明了基数估计问题在科学研究中存在的挑战。

例 3.2 DNA 分析（Giroire, 2006）

在人类基因组研究中，有一项长期任务是研究 DNA 序列的相关性。DNA 分子由两条成对的单链组成，每条单链都由四个化学 DNA 碱基单元组成，分别记为 A（腺嘌呤），G（鸟嘌呤），C（胞嘧啶）和 T（胸腺嘧啶）。人类基因中包含约 30 亿个碱基对。DNA 测序是指确定 DNA 片段中碱基对的确切顺序。

从数学角度来看，一个 DNA 序列可以视为由 A、G、C、T 组成的任意长度的字符串。我们将其视为一个潜在无限长度数据集的例子。

DNA 相关性的估计问题可以被看作是一项确定一段定长的 DNA 片段中不同子字符串的数量的任务。这样做是因为包含较少的不同字符串的序列要比相同长度的包含较多的不同字符串的序列具有更强的相关性。

像这样的实验需要在大文件上多次运行来得到实验结果。而为了加快研究速度，实验需要有限的甚至固定的空间和较少的执行时间，然而达到这些要求使用精确计数的算法是不可能的。

因此，尽管精确的基数估计算法可能会带来一些增益，但其较高的处理时间和空间需求使其不适用于处理大量数据。取而代之的是，大数据应用大多采用基于各种概率算法的更为实用的计算方法，即使这些算法只能提供近似的估计结果。

在处理数据时，了解数据集的大小和可能的不同元素的数量是非常重要的。

现在考虑一串基于英语字母表中字母的字符串序列，如 $a, d, s, \cdots$ 组成的潜在无限序列。它的基数很容易估计出来，且上限为不同字母的数量，在现代英语中为 26。显然，在这种情况下，无须应用任何概率估计的方法，简单的基于字典的精确基数计算方法就足以有效地解决问题。

为了解决基数问题，许多常用的概率方法都受到布隆过滤器的影响，它们计算元素的散列值，然后观察其数据分布的一般模式，从而对不同元素的数量做出合理的"猜测"，且不需要存储所有的元素。

3.1 线性计数

我们首先介绍一种线性时间的概率计数算法，线性计数算法。该算法是第一个用来解决基数问题的概率方法。线性计数算法的原始思想由 Morton Astrahan、Mario Schkolnick 和 Kyu-Young Whang 于 1987 年首次提出[As87]，实际的算法由 Kyu-Young Whang、Brad Vander-Zanden 和 Howard Taylor 在 1990 年发表[Wh90]。

对传统的准确计算方法最直接的改进可以利用很多散列函数 h 对元素进行散列计算来实现。这种方法无需对元素进行排序即可消除重复元素的影响，但可能引入由于散列碰撞而导致的误差（我们通常无法区分重复元素和由散列碰撞导致的"意外的元素重复"）。因此，通过使用这样的散列表，该方法只需要对散列表进行简单的扫描，即可获得较传统方法更好的计算结果。

然而，对于基数很大的数据集，这样的散列表需要被设置的很大，且所占用的空间需要随着集合中独立元素个数的增长而呈现线性增长的趋势。对于存储空间有限的系统，这种方法在一定程度上需要硬盘或者分布式存储的辅助。这样的设置会因为硬盘或者网络较慢的处理速度而显著降低散列表的使用效果。

与布隆过滤器的思想类似，为了解决以上问题，线性计数法并没有存储散列表中的散列值，而只是存储这些散列值相对应的比特，并使用了长度为 m 的比特数组 LinearCounter 来替换散列表。假设参数 m 与所期望的独立元素个数 n 成比例，但在这种方法中的每个元素仅仅需要 1 比特，这在很多情况下是可行的。

在初始化阶段，LinearCounter 中所有的比特都设置为 0。要想在这样的数据结构中添加一个新的元素 x，我们可以计算它的散列值 $h(x)$ 并将 LinearCounter 中对应的比特设置为 1。

算法 3.1：向 LinearCounter 中添加元素

输入：元素 $x \in \mathbb{D}$

输入：LinearCounter 以及散列函数 h

$j \leftarrow h(x)$

if LinearCounter$[j] = 0$ then
  $\quad$ LinearCounter$[j] \leftarrow 1$

因为仅仅使用了一个散列函数 h，当不同的散列值在比特数组中更新相同比特时，我们可以预见会产生很多额外的散列碰撞。因此，这样的数据梗概无法准确（或近似准确）地计算独立元素的数量。

这个算法的思想可以理解为将元素分配到不同的桶中（利用散列值对比特进行索引），并且使用 LinearCounter 比特数组标记被使用的桶。通过数组中标记的比特数量可估计基数的大小。

在线性计数法的第一步，我们首先构造算法 3.1 所示的 LinearCounter 数据结构。基于这样的数据梗概，我们可以结合以下公式，利用所观察到的比特数组中的 0 比特的数量 V 估计基数大小：

$$n \approx -m \cdot \ln V \qquad (3\text{-}1)$$

我们在线性计数法中可清楚地看到散列碰撞是如何影响基数估计的。每次碰撞都减少了应当被设置的比特位数量，使得所观察到的未被设置的比特比例大于真值。如果没有散列碰撞发生，最后被设置的比特数量应当等于所期望的基数值。然而，散列碰撞是不可避免的。因此，实际上公式（3-1）给出的估计基数要大于真实基数。同时，因为基数是整数值，我们更倾向于将估计结果向下取整，以此作为最后的基数估计结果。

因此，我们可以按如下算法表示完整的计数算法。

算法 3.2：使用线性计数估计基数

输入：数据集 $\mathbb{D}$

输出：基数估计

LinearCounter$[i] \leftarrow 0, i = 0 \ldots m-1$

for $x \in \mathbb{D}$ do
  $\quad$ Add$(x, \text{LinearCounter})$

$Z \leftarrow \underset{i=0 \ldots m-1}{\text{count}} (\text{LinearCounter}[i] = 0)$

return $\lfloor -m \cdot \ln \frac{Z}{m} \rfloor$

例 3.3　线性计数法

假设数据集中包含从最近新闻中提取的 20 个首都城市名：Berlin，Berlin，Paris，Berlin，Lisbon，Kiev，Paris，London，Rome，Athens，Madrid，Vienna，Rome，Rome，Lisbon，Berlin，Paris，London，Kiev，Washington。

对于小基数来说（实际基数是 10），为保证估计标准差在大约 10% 左右，我们需要选定 LinearCounter 数据结构的长度至少为独立元素的期望个数。因此，我们选择 $m = 2^4$。因为散列函数 h 的取值范围为 $\{0, 1, \cdots, 2^4 - 1\}$，我们使用了 32 比特的散列函数 MurmurHash3，具体定义为：

$$h(x) := \text{MurmurHash3}(x) \bmod m$$

并且每座城市对应的散列值如表 3-1 和表 3-2 所示：

表 3-1　城市散列值 1

City	$h(\text{City})$
Athens	12
Berlin	7
Kiev	13
Lisbon	15
London	14

表 3-2　城市散列图 2

City	$h(\text{City})$
Madrid	14
Paris	8
Rome	1
Vienna	6
Washington	11

正如我们所看到的，城市 London 和 Madrid 的散列值相同，但是这样的散列碰撞是意料之内的很自然的碰撞。LinearCounter 数据结构更新为如下的结果

0	1	2	3	4	5	6	7	8	9	10	11	12	13	14	15
0	1	0	0	0	0	1	1	1	0	0	1	1	1	1	1

根据线性计数法，我们计算 LinearCounter 数据结构中 0 比特的比例为：

$$V = \frac{7}{16} = 0.4375$$

同时，我们估计基数为：

$$n \approx -16 \cdot \ln 0.4375 \approx 13.23$$

所估计的基数很接近但是大于真值 10。

（1）性质

如果散列函数 f 可以在常量时间内完成计算（很多主流的散列函数可以实现这样的计算），那么所需要处理每个元素的时间也是一个常量，因此算法有 $O(N)$ 的时间复杂度。其中，N 为包含重复元素在内的所有元素的个数。

至于其他的概率算法，总会涉及一些参数的调整来影响算法的性能。

估计算法的准确度取决于比特数组的长度 m 以及该数组长度与不同元素个数的比例 $\alpha = \dfrac{m}{n}$，该比例又被称为负载因子。除非 $\alpha \geqslant 1$（$m > n$ 实际上不是一个很有意思的情况），不然 LinearCounter 比特数组总会以一个不为 0 的概率 P_{full} 被填满。P_{full} 又被称为填充率，它会不可避免地对算法产生干扰，并影响公式（3-1）的估计结果。填充率 P_{full} 取决于负载因子，并最终取决于比特数组的长度 m。我们应当将 m 设置的足够大来降低填充率的影响。

标准差 δ 是用来衡量线性计数法估计误差范围的指标。在标准差和比特数组大小之间存在权衡。降低标准差能够提供更准确的估计，但是同时会增加所需的存储空间。

参数 m 的选择是极其复杂的，而且不容易通过分析计算得出。然而，对于广泛应用的填充率 $P_{full} = 0.7\%$ 来说，该算法的作者提供了提前计算好的参数值作为参考，如表 3-3 所示。

表 3-3 准确率和比特数组大小的权衡

n	m	
	$\delta = 1\%$	$\delta = 10\%$
1 000	5 329	268
10 000	7 960	1 709
100 000	26 729	12 744
1 000 000	154 171	100 880
10 000 000	1 096 582	831 809
100 000 000	8 571 013	7 061 760

既然填充概率永远不可能为 0，那么比特数组很少能被填满并影响算法 3.2 的效果。当处理小规模数据集时，我们可以使用不同的散列函数对元素重新进行索引，或者使用更大的 LinearCounter 数组。然而，这样的处理方式不适用于大规模数据集，而且会导致极大的时间复杂度，因此需要寻找替代算法。

然而，当所测量的数据集规模没有很大时，线性计数法的估计结果还是很好的。对于在大基数估计上表现良好的算法来说，线性计数法可用来提升它们的性能。

在线性计数法中，基数的估计结果与真值之间存在近似的比例关系，这也是算法名称中"线性"的由来。在下一章节，我们将介绍一种"对数"计数法作为替代方案，该方法是基于一种与基数真值存在对数关系的估计方法。

3.2　概率计数

在计数算法中，其中一类概率计数算法是基于观察被索引元素的散列表示的共同模式，由 Phillipe Flajolet 和 G. Nigel Martin 于 1985 年提出[Fl85]。

通常，对每个元素进行预处理的方式是使用散列函数 h 将元素映射到在 $\{0,1,\cdots,2^M-1\}$ 范围内服从均匀分布的整数集合中，或者将元素映射到长度为 M 的二进制字符串集合中：

$$h(x)=i=\sum_{k=0}^{M-1}i_k\cdot 2^k:=(i_0i_1\cdots i_{M-1}),i_k\in\{0,1\}$$

Flajolet 和 Martin 注意到，序列：

$$0^k1:=\overbrace{00\cdots 0}^{k\text{个}}1$$

应该以 $2^{-(k+1)}$ 的概率出现在以上的二进制字符串中。如果记录每个索引后的元素，以上的序列可以扮演基数估计器的角色。

每个序列以及它的索引（称为 rank），可按照下面的公式进行计算：

$$\text{rank}(i) = \begin{cases} \min_{\substack{k \\ i_k \neq 0}} k & \text{for } i > 0 \\ M & \text{for } i \neq 0 \end{cases} \tag{3-2}$$

同时，rank 值与最左边 1 的位置是相等的，通常称作为最低有效 1 比特的位置。

例 3.4　rank 值计算

设想一个 8 比特长整型数 42，其基于 "LSB 0" 编码方式的二进制表示如下：

$$42 = 0 \cdot 2^0 + 1 \cdot 2^1 + 0 \cdot 2^3 + 0 \cdot 2^4 + 1 \cdot 2^5 + 0 \cdot 2^6 + 0 \cdot 2^7 = (01\ 010\ 100)_2.$$

因此，1 比特出现在了位置 1、3 和 5。由此，可根据公式（3-2）计算 rank（42）为：

$$\text{rank}(42) = \min(1, 3, 5) = 1$$

在每个被索引元素散列值的二进制表示中，$0^k 1$ 序列或者 $\text{rank}(\cdot) = k$ 都可以紧凑地存储在一个简单的数据结构 Counter 中。通常，这个数据结构也被称作 FM Sketch，可用长度为 M 的比特数组表示。

起初，Counter 中所有的比特都置为 0。当我们需要向数据结构中添加一个新元素 x 时，我们首先利用散列函数 h 计算它的散列值，然后计算 $\text{rank}(x)$ 并将数组中对应的比特设置为 1。算法描述如下：

算法 3.3：向简单的 Counter 中添加元素

输入：元素 $x \in \mathbb{D}$

输入：简单的 Counter 以及散列函数 h

$j \leftarrow \text{rank}(h(x))$
if COUNTER$[j] = 0$ then
　 COUNTER$[j] \leftarrow 1$

在这种情况下，Counter 中位置为 j 的 1 比特意味着模式 $0^j 1$ 在所有索引元素的散列值中出现了至少一次。

例 3.5　建立一个简单的 Counter

参考例 3.3 中从最近新闻中提取的同样包含 20 个首都城市名的数据

集：Berlin，Berlin，Paris，Berlin，Lisbon，Kiev，Paris，London，Rome，Athens，Madrid，Vienna，Rome，Rome，Lisbon，Berlin，Paris，London，Kiev，Washington。

对于散列函数 h，我们可以使用 32 比特散列函数 MurmurHash3 将元素映射到的 $\{0,1,\cdots,2^{32}-1\}$ 范围内。因此，我们可以构建一个简单的长度为 $M=32$ 的 Counter 数据结构。通过例 3.3 和公式(3-2)中已经计算好的散列值，我们计算每个元素的 rank 值如表 3-4 所示。

表 3-4　各元素 rank 值

City	h(City)	rank
Athens	4 161 497 820	2
Berlin	3 680 793 991	0
Kiev	3 491 299 693	0
Lisbon	629 555 247	0
London	3 450 927 422	1
Madrid	2 970 154 142	1
Paris	2 673 248 856	3
Rome	50 122 705	0
Vienna	3 271 070 806	1
Washington	4 039 747 979	0

因此，Counter 结构有如下格式：

0	1	2	3	4	5	6	7	8	9	10	11	12	13	14	15
1	1	1	1	0	0	0	0	0	0	0	0	0	0	0	0

16	17	18	19	20	21	22	23	24	25	26	27	28	29	30	31
0	0	0	0	0	0	0	0	0	0	0	0	0	0	0	0

让我们强调一个非常有趣的理论观察。基于元素散列值的均匀分布，如果 n 代表截至目前所索引的所有不同元素的准确数量，我们可以期望第一个位置的 1 比特出现了大约 $n/2$ 次，第二个位置的 1 比特出现了大约 $n/2^2$ 次，等等。因此，如果 $j\gg\log_2 n$，那么在位置 j 观察到 1 比特的概率接近于 0，Counter$[j]$ 将大概率被设置为 0。同样地，如果 $j\ll\log_2 n$，那么 Counter$[j]$ 将大概率

被设置为 1。如果 j 在 $\log_2 n$ 附近，那么在这个位置观察到 1 或者 0 的概率是基本相同的。

因此，将数据集中所有的元素输入之后，Counter 中最左边 0 的位置 R 可用作 $\log_2 n$ 的标记。实际上，校正因子 φ 也是需要的，并且基数估计可按照公式（3-3）进行：

$$n \approx \frac{1}{\varphi} 2^R \tag{3-3}$$

其中，$\varphi \approx 0.773\,51$。

> Flajolet 和 Martin 已经选择使用最低有效 0 比特的位置（最左边 0 比特的位置）进行基数估计，并且基于此设计了他们的算法。然而，我们可以从以上观察得到最高有效 1 比特的位置（最右边的 1 比特的位置）可以实现同样的计算目标。但是这种方式有更扁平的分布，会导致更大的标准差。

在 Counter 中用来计算最左边 0 的位置的算法可以按照如下的方式进行。

算法 3.4：计算最左边 0 比特的位置

输入：长度为 M 的简单 Counter 结构

输出：最左边 0 比特的位置

```
for j ← 0 to M − 1 do
    if COUNTER[j] = 0 then
        return j
return M
```

例 3.6　使用简单 Counter 的基数估计

结合例 3.5 中的 Counter 结构，我们来估计独立元素的个数。

0	1	2	3	**4**	5	6	7	8	9	10	11	12	13	14	15
1	1	1	1	**0**	0	0	0	0	0	0	0	0	0	0	0

16	17	18	19	20	21	22	23	24	25	26	27	28	29	30	31
0	0	0	0	0	0	0	0	0	0	0	0	0	0	0	0

基于算法 3.4，Counter 中最左边的 0 比特出现在位置 $R = 4$。因此，

根据公式(3-3)，基数可估计为：

$$n \approx \frac{1}{0.773\ 51} 2^4 \approx 20.68$$

集合基数的准确值为 10，这意味着所计算的估计值产生了很大的误差。产生这样的误差是由于值 R 为整数，且在很多二进制序列中比较接近的 rank 值会得到不同的估计结果。例如，在我们的例子中，$R = 3$ 将会有更好的估计结果 10.34。

> 　理论上来说，基于单个简单 Counter 结构的基数估计值可以提供与期望值非常近似的结果。但是，正如我们在例 3.6 中所示，它的方差很大，而且通常与二进制数量级中的标准差 δ 有关。

很显然，单个 Counter 方法的缺陷就是对于基数估计值缺少足够的置信度（实际上，这种方法仅仅基于单个估计值进行预测）。

因此，对于这个算法很自然的扩展就是使用很多简单的 Counter 结构来提高估计值的数量。最后的预测值 n 可以通过对所有 Counter 结构 $\{\mathrm{Counter}_k\}_{k=0}^{m-1}$ 的预测值 R_k 计算平均值得到。

因此，概率计数法的公式(3-3)调整后的版本为：

$$n \approx \frac{1}{\varphi} 2^{\overline{R}} = \frac{1}{\varphi} 2^{\frac{1}{m}\sum_{k}^{m-1} R_k} \tag{3-4}$$

这样基数 n 将会有同等质量的估计值，而且方差更小。

构建 m 个相互独立的简单 Counter 结构，一个很明显的缺陷就是需要计算 m 个不同的散列函数值。假设单个散列函数的计算需要 $O(1)$ 时间复杂度，那么 m 个不同的散列函数的计算需要 $O(m)$ 的时间复杂度，这需要极高的 CPU 消耗。

优化概率计算法的一个方法就是利用一种叫作随机平均的特殊步骤。m 个散列函数可仅仅使用一个散列函数作为替代，并且该散列函数的取值被商和余数分割并被用来更新每个元素的 Counter 结构。其中，余数 r 被用来从 m 个 Counter 中选择其中一个 Counter，商 q 被用来计算 rank 值并用来寻找 Counter 中合适的索引进行更新。

算法 3.5：使用随机平均来更新 Counter

输入：元素 $x \in \mathbb{D}$

输入：m 个简单 Counter 结构数组以及散列函数 h

$r \leftarrow h(x) \bmod m$

$q \leftarrow h(x) \operatorname{div} m := \left\lfloor \frac{h(x)}{m} \right\rfloor$

$j \leftarrow \mathbf{rank}(q)$

if $\text{COUNTER}_r[j] = 0$ **then**

  $\big\lfloor\ \text{COUNTER}_r[j] \leftarrow 1$

假设元素基于商的分布是足够公平的，那么将随机平均算法 3.5 运用到概率计数法时，我们可以期望有 n/m 个元素被每个 Counter 结构 $\{\text{Counter}_k\}_{k=0}^{m-1}$ 索引。因此，公式（3-4）对于值 n/m 来说是一个好的估计器（并不直接针对 n 来说）

$$n \approx \frac{m}{\varphi} 2^{\overline{R}} = \frac{m}{\varphi} 2^{\frac{1}{m}\sum\limits_{k}^{m-1} R_k} \tag{3-5}$$

算法 3.6：Flajolet-Martin 算法（PCSA）

输入：数据集 $\mathbb{D}$

输入：m 个简单 Counter 结构数组以及散列函数 h

输出：基数估计

for $x \in \mathbb{D}$ **do**

  $r \leftarrow h(x) \bmod m$

  $q \leftarrow h(x) \operatorname{div} m$

  $j \leftarrow \mathbf{rank}(q)$

  if $\text{COUNTER}_r[j] = 0$ **then**

    $\big\lfloor\ \text{COUNTER}_r[j] \leftarrow 1$

$S \leftarrow 0$

for $r \leftarrow 0$ **to** $m-1$ **do**

  $R \leftarrow \mathbf{LeftMostZero}(\text{COUNTER}_r)$

  $S \leftarrow S + R$

return $\frac{m}{\varphi} \cdot 2^{\frac{1}{m}S}$

算法 3.6 被称作带有随机平均的概率计数法，也被叫作 Flajolet-Martin 算法。相较于使用 m 个散列函数的版本，该算法将处理每个元素的时间复杂度降低到了 $O(1)$。

例 3.7 带有随机平均的基数估计

参考例 3.5 中的数据集及所计算的散列函数，并使用随机平均法来模拟 $m=3$ 个散列函数。我们使用余数 r 从 3 个 Counter 中选择其中的一个，并通过商 q 计算 rank 值。

表 3-5 城市散列值、系数、商及 rank 值

City	$h(\text{City})$	r	q	$\text{rank}(q)$
Athens	4 161 497 820	0	1 387 165 940	2
Berlin	3 680 793 991	1	1 226 931 330	1
Kiev	3 491 299 693	1	1 163 766 564	2
Lisbon	629 555 247	0	209 851 749	0
London	3 450 927 422	2	1 150 309 140	2
Madrid	2 970 154 142	2	990 051 380	2
Paris	2 673 248 856	0	891 082 952	3
Rome	50 122 705	1	16 707 568	4
Vienna	3 271 070 806	1	1 090 356 935	0
Washington	4 039 747 979	2	1 346 582 659	0

每个 Counter 大约处理三分之一的城市信息。因此，数据分布是足够平均的。在对所有元素进行索引并且将对应 Counter 中的比特进行更新之后，我们的 Counter 有如下形式。

COUNTER$_0$

0	**1**	2	3	4	5	6	7	8	9	10	11	12	13	14	15
1	**0**	1	1	0	0	0	0	0	0	0	0	0	0	0	0

16	17	18	19	20	21	22	23	24	25	26	27	28	29	30	31
0	0	0	0	0	0	0	0	0	0	0	0	0	0	0	0

每个 Counter 中最左边的 0 比特的位置为 $R_0=1$，$R_1=3$ 以及 $R_2=1$。因此，根据公式(3-5) 所得到的基数估计值为

$$n \approx \frac{3}{\varphi} 2^{\frac{1}{3}\sum_{k=0}^{2}R_k} \approx \frac{3}{0.773\,51} 2^{\frac{1+3+1}{3}} \approx 12.31$$

这样所计算的估计值与真实值 10 已经十分接近了，甚至没有消耗多余的 Counter 结构，显著提高了例 3.6 中的估计结果。

COUNTER₁

0	1	2	**3**	4	5	6	7	8	9	10	11	12	13	14	15
1	1	1	**0**	1	0	0	0	0	0	0	0	0	0	0	0

16	17	18	19	20	21	22	23	24	25	26	27	28	29	30	31
0	0	0	0	0	0	0	0	0	0	0	0	0	0	0	0

COUNTER₂

0	**1**	2	3	4	5	6	7	8	9	10	11	12	13	14	15
1	**0**	1	0	0	0	0	0	0	0	0	0	0	0	0	0

16	17	18	19	20	21	22	23	24	25	26	27	28	29	30	31
0	0	0	0	0	0	0	0	0	0	0	0	0	0	0	0

（1）性质

Flajolet-Martin 算法在大基数的数据集上有很好的效果，并且在 $\frac{n}{m}>20$ 时能提供很好的估计结果。然而，算法在处理小基数时会出现额外的非线性情况，需要特别的校正方法处理。

一个可行的校正方法于 2007 年由 Bjorn Scheusermann 和 Martin Mauve 提出[Sc07]。该方法在计算小基数时添加了额外项进行校正，如公式（3-5）所示，并且对大基数，该项可以快速收敛到 0。

$$n \approx \frac{m}{\varphi}(2^{\overline{R}} - 2 - \chi \cdot \overline{R}) \tag{3-6}$$

其中，$\chi \approx 1.75$。

Flajolet-Martin 算法的标准差 δ 与所使用的 Counter 数量成反比，并且可以估算为

$$\delta \approx \frac{0.78}{\sqrt{m}} \tag{3-7}$$

广泛使用的 Counter 数量以及所对应的标准差可参考表 3-6 中的内容。每个 Counter 的长度 M 可按照式（3-8）选取：

$$M > \log_2\left(\frac{n}{m}\right) + 4 \tag{3-8}$$

因此，实际中所使用的 $M=32$ 对于使用 64 个 Counter 计算超过 10^9 大

小的基数来说是足够的。

表 3-6 准确率和存储空间之间的权衡（$M=32$）

m	存储空间	δ
64	256 B	9.7%
256	1.024 KB	4.8%
1 024	4.2 KB	2.4%

为不同数据集建立的单个 Counter 可以很容易地合并到单个 Counter 结构中。这等价于为不同数据集的并集建立单个 Counter。这样的合并操作是比较简单的，可以通过比特的或运算实现。

像布隆过滤器一样，概率计数法不支持删除操作。但是，仿照计数布隆过滤器中的操作，他们内部的比特操作可扩展到 Counter 中并且支持删除之后的概率误差校正。然而，所增加的空间也应该被考虑在内。

3.3 LogLog 和 HyperLogLog

实际上，在基数估计问题上应用最广泛的概率算法是 LogLog 算法族，包括 Marianne Durand 和 Philippe Flajolet 在 2003 年[Du03] 提出的 LogLog 算法，以及其后续的 HyperLogLog 算法和 HyperLogLog＋＋算法。

这些算法使用一种类似于概率计数算法的方法，即通过观察元素的二进制表示中最靠前的 0 的个数来估计基数 n。它们都需要额外的空间来辅助估计，并且对数据进行单次扫描来得到基数的估计值。

通常，数据集中的每个元素都要通过一个散列函数 h 进行预处理，该函数将每个元素转换为在标量范围 $\{0,1,\cdots,2^M-1\}$ 内服从均匀分布的一个整数，或者长度为 M 的二进制字符串上：

$$h(x) = i = \sum_{k=0}^{M-1} i_k \cdot 2^k := (i_0 i_1 \cdots i_{M-1})_2, i_k \in \{0,1\}$$

这些算法的步骤类似于 PCSA，我们在这里再次复述一下。首先，它将初始数据集或输入的数据流分割为一定数量的子集，每个子集都被 m 个 Counter 结构中的一个进行索引。然后，基于随机平均法，由于我们只使用了一个散列函数 h，我们使用散列值 $h(x)$ 的一部分为元素 x 选择对应的 Counter 结构，而用剩余的部分更新对应的数值。

在此讨论的所有算法都基于 0^k1 模式的散列值，每个散列值都对应一个索引，称为 rank。rank 等价于散列后的二进制表中最低有效 1 比特的位置，可以用公式(3-2)计算。每个 Counter 根据 rank 得到观测值，最终根据不同计数表中的观测值，使用求值函数估计基数值。

在存储空间方面，概率计数算法中的 Counter 结构存储开销相对较高，但 LogLog 算法提出了一种存储效率更高的方法，该方法具备更好的评估函数以及偏差校正方法。

（1）LogLog 算法

LogLog 算法的基本思想是使用单个散列函数 h 计算每个输入元素的 rank 值。因为我们可以预期得到 $\frac{n}{2^k}$ 个元素拥有 rank($\cdot$)＝k（n 为 Counter 结构中索引元素的总数），那么可观察到的最大的 rank 值可以较好地表示 $\log_2 n$ 的值：

$$R=\max_{x\in\mathbb{D}}(\text{rank}(x))\approx\log_2 n \tag{3-9}$$

然而，这种估计方法的误差约为±1.87 个二进制数量级，是很不实用的。为了减小误差，LogLog 算法使用基于随机平均法的划分技巧，将数据集划分为 $m=2^p$ 个子集 S_0，S_1，$\cdots$，S_{m-1}。其中，参数 p 指定了散列值中用于确定编号的比特数。

因此，对于数据集中的每一个元素 x，在总长度为 M 的二进制散列值中，使用其前 p 个比特可找到对应子集 j 的索引：

$$j=(i_0 i_1\cdots i_{p-1})_2$$

剩下的（$M-p$）比特被索引到对应的 Counter 结构中，用于根据公式(3-9)计算 Counter[j] 的 rank 值和观测到的 R_j。

当数据服从均匀分布时，每个子集可接收到 $\frac{n}{m}$ 个元素，因此 $\{\text{Counter}[j]\}_{j=0}^{m-1}$ 中观测得到的 R_j 可以用来表示 $\log_2\frac{n}{m}$ 的值。同时，通过使用 R_j 的算术平均值和一些偏差校正方法，我们可以减小观测到的方差：

$$n = \alpha_m \cdot m \cdot 2^{\frac{1}{m}\sum_{j=0}^{m-1} R_j} \tag{3-10}$$

其中，$\alpha_m = \left(\Gamma\left(-\dfrac{1}{m}\right) \cdot \dfrac{1-2^{\frac{1}{m}}}{\log 2}\right)^m$，$\Gamma(\cdot)$ 是伽马函数。然而，对于大部分 $m \geqslant 64$ 的情况，仅使用 $\alpha \approx 0.397\,01$ 就足够了。

算法 3.7：LogLog 算法基数估计

输入：数据集 $\mathbb{D}$

输入：包含 m 个 LogLog Counter 的数组，以及散列函数 h

输出：计数估计

$\text{COUNTER}[j] \leftarrow 0, j = 0 \ldots m-1$
$\textbf{for } x \in \mathbb{D} \textbf{ do}$
$\quad \mid \quad i \leftarrow h(x) \coloneqq (i_0 i_1 \ldots i_{M-1})_2, i_k \in \{0, 1\}$
$\quad \mid \quad j \leftarrow (i_0 i_1 \ldots i_{p-1})_2$
$\quad \mid \quad r \leftarrow \text{rank}((i_p i_{p+1} \ldots i_{M-1})_2)$
$\quad \mid \quad \text{COUNTER}[j] \leftarrow \max(\text{COUNTER}[j], r)$
$\text{R} \leftarrow \dfrac{1}{m}\sum_{k=0}^{m-1} \text{COUNTER}[j]$
$\textbf{return } \alpha_m \cdot m \cdot 2^{\text{R}}$

（2）性质

LogLog 算法的标准差 δ 和所使用的 Counter 数量 m 成反比，可以被近似估计为：

$$\delta \approx \frac{1.3}{\sqrt{m}} \tag{3-11}$$

因此，当 $m=256$ 时，标准误差为 8%。当 $m=1\,024$ 时，标准误差降低到 4%。

如果集合基数为 n，LogLog 算法所需的存储空间为 $O(\log_2 \log_2 n)$ 比特。更准确地说，为了计算基数 n，算法所需的整体存储空间为 $m \cdot \log_2 \log_2 \dfrac{n}{m}(1+O(1))$。

相比于概率计数法中每个 Counter 需要 16 到 32 个比特，LogLog 算法使用长度更少的 $\{\text{Counter}[j]\}_{j=0}^{m-1}$，通常每个只需要 5 比特。然而，尽管 LogLog 算法相比于概率计数法所需的存储空间更小，但它的精确度也更低。

> 假设我们需要计算的基数为 2^{30}，也就是大约 10 亿，精确度要求为 4%。正如前面所提到的，在这样的标准差下，需要 $m=1\,024$ 个 Counter，每个 Counter 大约接收 $\frac{n}{m}=2^{20}$ 个元素。
>
> $\log_2(\log_2 2^{20}) \approx 4.32$。因此，为每个 Counter 分配 5 比特就足够了（例如，小于 32 的值）。因此，要想估计达到 10^9 大小的基数且保证标准差为 4%，LogLog 算法需要 1 024 个 5 比特的 Counter，共计 640 字节。

（3）HyperLogLog 算法

HyperLogLog 是 LogLog 算法的一种改进算法，由 Philippe Flajolet、Éric Fusy、Olivier Gandouet 和 Frédéric Meunier 等于 2007 年提出[Fl07]。HyperLogLog 算法使用 32 比特散列函数、一个完全不同的评估函数和各种偏差校正方法。

与 LogLog 算法相似，HyperLogLog 算法基于随机性来近似估计数据集的基数，并且使用单个 32 比特的散列函数 h 来估计可达 10^9 的基数。该散列函数将数据集分割为 $m=2^p$ 个子集。其中，精度 $p \in 4 \cdots 16$。

此外，HyperLogLog 算法所使用的评价函数与标准的 LogLog 算法所使用的评估函数是不同的。原始的 LogLog 算法使用几何平均数，而 HyperLogLog 算法使用了调和平均数：

$$\hat{n} \approx \alpha_m \cdot m^2 \cdot \Big(\sum_{j=0}^{m-1} 2^{-\text{Counter}[j]} \Big)^{-1} \qquad (3\text{-}12)$$

其中，

$$\alpha_m = \Big(m \int_0^\infty \Big(\log_2 \Big(\frac{2+x}{1+x} \Big) \Big)^m dx \Big)^{-1}$$

对 α_m 的估计值可以在表 3-7 中找到。

使用调和平均值的直观解释是，它具有可以控制有偏概率分布的特性，这可以减少方差。

表 3-7　常用 m 对应的 α_m 值

m	α_m
2^4	0.673
2^5	0.697
2^6	0.709
$\geqslant 2^7$	$\dfrac{0.7\,213 \cdot m}{m+1.079}$

然而，由于存在非线性误差，公式（3-12）的估计值需要在小范围和大范围基数进行偏差校正。Flajolet 等基于经验分析，发现当基数 $n<\dfrac{5}{2}m$ 时，可以使用多个非零 Counter（如果 Counter 包含零值，那么认为对应子集为空），通过线性计数法来校正 HyperLogLog 算法以获得更好的估计值。

因此，对于不同的基数范围，采用分段的方式对公式（3-2）中的基数估计值 $\hat{n}$ 进行计算。算法采用如下的校正方法：

$$n=\begin{cases} \text{LINEARCOUNTER} & \hat{n}\leqslant\dfrac{5}{2}m \text{ 且 } \exists j:\text{COUNTER}[j]\neq 0 \\[2mm] -2^{32}\log_2\left(1-\dfrac{\hat{n}}{2^{32}}\right) & \hat{n}>\dfrac{1}{30}2^{32} \\[2mm] \hat{n} & \text{其他} \end{cases}$$

$$(3\text{-}13)$$

然而，当 $n=0$ 时，这样的校正是不够的，且算法返回值总是约为 $0.7m$。

因为 HyperLogLog 算法使用了 32 比特的散列函数，当基数接近 $2^{32}\approx 4\cdot 10^9$ 时，该散列函数就几乎达到了所能处理的最大值，散列冲突的概率就会增加。在大基数情况下，HyperLogLog 算法估计不同散列值的数量，然后用它来近似估计基数值。然而，在实际使用过程中，更大的基数值会存在不能被散列值的数量所表示的问题，从而影响算法精度。

考虑这样一个散列函数，它可将全域映射到用 M 比特表示的数值范围内。这样的散列函数最多能够映射 2^M 个不同的值。如果所估计的基数 n 超过了这个数值，那么散列冲突的可能性就会不断增加。

目前还没用证据表明常用的一些散列函数（例如，MurmurHash3，MD5，SHA-1，SHA-256）应用在 HyperLogLog 算法和其改进算法中，会比其他的散列函数表现得明显更好。

完整的 HyperLogLog 算法如下所示。

算法 3.8：使用 HyperLogLog 算法进行基数估计

输入：数据集 $\mathbb{D}$

输入：包含 m 个 LogLog Counter 的数组，以及散列函数 h

输出：基数估计

$\text{COUNTER}[j] \leftarrow 0, j = 0 \ldots m-1$

for $x \in \mathbb{D}$ do

    $i \leftarrow h(x) \coloneqq (i_0 i_1 \ldots i_{31})_2, i_k \in \{0, 1\}$

    $j \leftarrow (i_0 i_1 \ldots i_{p-1})_2$

    $r \leftarrow \text{rank}((i_p i_{p+1} \ldots i_{31})_2)$

    $\text{COUNTER}[j] \leftarrow \max(\text{COUNTER}[j], r)$

$\text{R} \leftarrow \sum_{k=0}^{m-1} 2^{-\text{COUNTER}[j]}$

$\hat{n} = \alpha_m \cdot m^2 \cdot \frac{1}{\text{R}}$

$n \leftarrow \hat{n}$

if $\hat{n} \leqslant \frac{5}{2} m$ then

    $\text{Z} \leftarrow \underset{j=0 \ldots m-1}{\text{count}} (\text{COUNTER}[j] = 0)$

    if $\text{Z} \neq 0$ then

        $n \leftarrow m \cdot \log_2\left(\frac{m}{\text{Z}}\right)$

else if $\hat{n} > \frac{1}{30} 2^{32}$ then

    $n \leftarrow -2^{32} \cdot \log_2\left(1 - \frac{n}{2^{32}}\right)$

return n

（4）性质

与 LogLog 算法相似，HyperLogLog 算法需要权衡标准差 δ 和 Counter 结构的数量 m 的关系：

$$\delta \approx \frac{1.04}{\sqrt{m}}$$

与线性计数法不同的是，HyperLogLog 算法所需的存储空间并不随元素数量的增加而线性增加。每个散列值所分配的 $(M-p)$ 比特以及 $m=2^p$ 个计数表总共所需的存储空间为

$$\lceil \log_2(M+1-p) \rceil \cdot 2^p \text{ 比特} \tag{3-14}$$

此外，因为 HyperLogLog 算法仅仅使用 32 比特散列函数以及精度 $p \in 4 \cdots 16$，所以该算法的数据结构所需的存储空间为 $5 \cdot 2^p$ 比特。

> 因此，HyperLogLog 算法使得完成 2% 准确度下超过 10^9 的基数估计任务成为可能，但仅需 1.5KB 的存储空间。
>
> 例如，著名的内存数据库 Redis 维护了 12KB 的 HyperLogLog 数据结构来估计基数，其标准差仅为 0.81%。

相比于 LogLog 算法，HyperLogLog 算法改进了小数据集下的基数估计结果，但是仍然存在估计基数大于真实基数的情况。

HyperLogLog 算法的变体被应用于著名的数据库中，例如 Amazon Redshift、Redis、Apache CouchDB、Riak，等等。

（5）HyperLogLog＋＋算法

后来在 2013 年，Stefan Heule、Marc Nunkesser 和 Alexander Hall 提出了一种改进的 HyperLogLog 算法——HyperLogLog＋＋算法，该算法专注于大基数和更好的偏差校正方法。

HyperLogLog＋＋算法最显著的改进是使用一个 64 比特的散列函数。显然，散列函数输出越长，能够对越多的元素进行编码。这样的改进允许算法估计的基数远远大于 10^9，但是当基数接近 $2^{64} \approx 1.8 \cdot 10^{19}$ 时，散列冲突对于 HyperLogLog＋＋算法来说依然是一个问题。

HyperLogLog＋＋算法使用与公式(3-12)完全相同的评估函数。这种评价函数改进了偏差校正。算法的提出者进行了一系列实验来测量偏差，发现当 $n \leqslant 5m$ 时，利用从实验中得到的经验性数据可以进一步修正原始 HyperLogLog 算法产生的偏差。

除了最初的文章，Heule 等提供了凭经验值来校正偏差的方法。

该校正方法基于原始基数估计数组 RAWESTIMATEDATA 和相关的偏差数组 BIASDATA。当然，覆盖所有的情况是不可行的，因此 RAWESTIMATEDATA 提供了一个包含 200 个偏差值的数组，存储了超过 5 000 个不同数据集在这一点上的平均原始估计值。BIASDA-TA 包含大约 200 个与 RAWESTIMATEDATA 对应的偏差值。两个数组都是零索引并且包含所有支持的精度 $p\in 4,\cdots,18$ 的预算值。其中数组的零号索引对应精度值 $p=4$。例如，当 $m=2^{10}$ 和 $p=10$ 时，所需数据在 RAWESTIMATEDATA [6] 和 BIASDATA [6] 中进行查找。

HyperLogLog++算法的偏差校正过程如下所示。

算法 3.9：HyperLogLog++算法的偏差校正

输入：基数的估计值 $\hat{n}$ 以及精度 p

输出：偏差校正后的基数估计值

$n_{low} \leftarrow 0, n_{up} \leftarrow 0, j_{low} \leftarrow 0, j_{up} \leftarrow 0$
for $j \leftarrow 0$ **to** length(RAWESTIMATEDATA$[p-4]$) **do**
  if RAWESTIMATEDATA$[p-4][j] \geq \hat{n}$ **then**
    $j_{low} \leftarrow j-1, j_{up} \leftarrow j$
    $n_{low} \leftarrow$ RAWESTIMATEDATA$[p-4][j_{low}]$
    $n_{up} \leftarrow$ RAWESTIMATEDATA$[p-4][j_{up}]$
    break

$b_{low} \leftarrow$ BIASDATA$[p-4][j_{low}]$
$b_{up} \leftarrow$ BIASDATA$[p-4][j_{up}]$
$y = $ interpolate$((n_{low}, n_{low}-b_{low}), (n_{up}, n_{up}-b_{up}))$
return $y(\hat{n})$

例 3.8   使用经验值进行偏差校正

举个例子，假设我们用公式(3-12)估算基数值为 $\hat{n}=2\,018.34$，且想要对精度 $p=10(m=2^{10})$ 的情况进行偏差校正。

首先，我们检查 RAWESTIMATEDATA [6] 数组并确定 $\hat{n}$ 的值在该数组索引的 73 和 74 之间。其中，RAWESTIMATEDATA [6] [73] = 2 003.180 4，RAWESTIMATEDATA [6] [74] = 2 026.071：

$$2\,003.180\,4 \leqslant \hat{n} \leqslant 2\,026.071$$

因此，我们需要检索在 BIASDATA [6] 中索引为 73 和 74 的偏差，其中 BIASDATA[6][73] = 134.180 4，BIASDATA[6][74] = 131.071。

正确的估计值在区间内：

$$[2\,003.180\,4-134.180\,4,\ 2\,026.071-131.071] = [1\,869.0,\ 1\,895.0]$$

为了计算校正后的近似值，我们可以使用插值。例如，使用 k 近邻搜索或只用线性插值 $y(x)=a \cdot x+b$。其中，$y(2\,003.180\,4)=1\,869.0$，$y(2\,026.071)=1\,895.0$。

因此，通过简单的计算，我们可得到插值线方程为

$$y=1.135\,837 \cdot x-406.287\,25$$

以及我们基数估计的插值为

$$n=y(\hat{n})=y(2\,018.34)\approx1\,886.218$$

根据 HyperLogLog++算法的提出者进行的实验，在小基数情况下，线性计数法得到的估计值 n_{lin} 比偏差校正后的值 n 更好。因此，如果至少存在一个空 Counter，该算法会额外计算线性计数法的估计值并使用经验阈值列表（可在表 3.4 中找到）来选择应使用哪个评估方法。在这种情况下，只有在线性计数值 n_{lin} 在当前 m 下高于阈值 χ_m 时使用偏差校正值 n。

例 3.9　阈值偏差校正

结合例 3.8 中，当 $m=2^{10}$ 时，我们计算偏差校正后的基数值为 $n\approx1\,886.218$。为了确定我们使用该校正值还是线性计数值，我们需要计算 HyperLogLog++数据结构中空 Counter 的数量 Z。因为该例子中我们没有设置这个数值，所以假设 $Z=73$。

因此，根据公式(3-1) 计算的线性计数值为

$$n_{\mathrm{lin}}=2^{10} \cdot \ln\left(\frac{2^{10}}{73}\right)\approx2\,704$$

下一步，我们比较 n_{lin} 和表 3.4 中阈值 $\chi_m=900$，χ_m 远低于计算值。因此，与线性估计 n_{lin} 相比，我们更倾向于使用偏差校正估计 n。

表 3-8   不同精度 p 对应经验阈值χ_m

p	m	χ_m	p	m	χ_m	p	m	χ_m
4	2^4	10	9	2^9	400	14	2^{14}	11 500
5	2^5	20	10	2^{10}	900	15	2^{15}	20 000
6	2^6	40	11	2^{11}	1 800	16	2^{16}	50 000
7	2^7	80	12	2^{12}	3 100	17	2^{17}	120 000
8	2^8	220	13	2^{13}	6 500	18	2^{18}	350 000

完整的 HyperLogLog＋＋算法如下所示。

算法 3.10：HyperLogLog＋＋算法基数估计

输入：数据集 $\mathbb{D}$

输入：包含 m 个 LogLog Counter 的数组，以及散列函数 h

输出：基数估计

$\text{COUNTER}[j] \leftarrow 0, j = 0 \ldots m-1$
for $x \in \mathbb{D}$ **do**
$\quad i \leftarrow h(x) := (i_0 i_1 \ldots i_{63})_2 , i_k \in \{0, 1\}$
$\quad j \leftarrow (i_0 i_1 \ldots i_{p-1})_2$
$\quad r \leftarrow \text{rank}((i_p i_{p+1} \ldots i_{63})_2)$
$\quad \text{COUNTER}[j] \leftarrow \max(\text{COUNTER}[j], r)$
$\text{R} \leftarrow \sum\limits_{k=0}^{m-1} 2^{-\text{COUNTER}[j]}$
$\hat{n} = \alpha_m \cdot m^2 \cdot \frac{1}{\text{R}}$
$n \leftarrow \hat{n}$
if $\hat{n} \leqslant 5m$ **then**
$\quad n \leftarrow \textbf{CorrectBias}(\hat{n})$
$\text{Z} \leftarrow \underset{j=0 \ldots m-1}{\text{count}} (\text{COUNTER}[j] = 0)$
if $\text{Z} \neq 0$ **then**
$\quad n_{\text{lin}} \leftarrow m \cdot \ln \frac{m}{\text{Z}}$
$\quad$ **if** $n_{\text{lin}} \leqslant \chi_m$ **then**
$\quad\quad n \leftarrow n_{\text{lin}}$
return n

（6）性质

HyperLogLog＋＋在大基数下比 HyperLogLog 更精确，且在其他情况下效果也同样很好。对于在 12 000 到 61 000 之间的基数，偏差校正方法允许更低的误差，并且能避免在子算法相互切换时出现尖峰误差。

　　然而，因为 HyperLogLog＋＋不需要存储散列值，而仅仅需要存储前导零的最大值加 1 的数值。因此，相比于 HyperLogLog 算法，HyperLogLog＋＋所需要的存储空间不会显著增长，根据公式(3-14)，HyperLogLog＋＋仅仅需 $6 \cdot 2^p$ 比特。

> HyperLogLog＋＋算法可估计 $7.9 \cdot 10^9$ 个元素的基数，但是只产生 1.625% 的误差，且仅仅使用 $2.56\mathrm{KB}$ 的存储空间。

　　如前文所述，该算法使用随机平均法将数据集分割为 $m = 2^p$ 个子集 $\{S_j\}_{j=0}^{m-1}$，每个子集与一个计数表 $\{Counter[j]\}_{j=0}^{m-1}$ 相对应，且每个 Counter 处理约 n/m 个元素的信息。Heule 等发现当 $n \ll m$ 时，大部分 Counter 不会被使用，且不需要被存储。因此，这种稀疏表示显著降低了所需的存储空间。如果基数 n 远小于 m，那么 HyperLogLog＋＋算法所需的存储空间远小于原本所需空间。

　　稀疏存储版本的 HyperLogLog＋＋算法只存储了 $(j, Counter[j])$ 对，通过关联他们的比特的位置将他们表示为单个整数。所有的这些数值对都存储在一个整数排序列表中。因为我们总是计算最大的 rank，所以我们不需要存储具有相同索引的不同数值对，而只需要存储具有最大索引的数值对。实际上，为了提供更好的使用效果，我们可以维护另一个未排序的列表，以便快速地进行数据插入。同时，我们可以对该列表定期进行排序，并将它合并到主列表中。如果这样稀疏的列表比紧密表示的 Counter 需要更多存储空间，我们也可以很容易地将其转换为紧密形式。此外，为了使稀疏表示在空间上更加友好，HyperLogLog＋＋算法提出了不同的压缩技术，对整数使用可变长度编码和差分编码，因此只存储第一个数值对以及剩余数值对该数值对的差分。

　　目前，HyperLogLog＋＋算法被广泛应用于许多主流的应用中，包括 Google BigQuery 和 Elasticsearch。

3.4 总结

在本章中，我们介绍了在大型数据集中计算独立元素的各种概率方法。我们讨论了基数估计任务中所存在的困难，并学习了一种能够很好估计小基数的简单方法。此外，我们研究了基于观测数据集中元素散列表示的一系列算法，随后介绍了许多的改进和调整方法，这些改进和调整方法已成为当今估计几乎任何范围基数估计的行业标准。

如果你对本文所涉及的材料有兴趣或想阅读原论文，请看本章后面的参考文献列表。

在下一章中，我们将介绍流式子数据的应用，并研究有效的概率算法来估计数据流中元素的频数、发现高频元素和趋势元素。

本章参考文献

[As87] Astrahan, M.M., Schkolnick, M., Whang, K.-Y. (1987) "Approximating the number of unique values of an attribute without sorting", *Journal Information Systems*, Vol. 12 (1), pp. 11–15, Oxford, UK.

[Du03] Durand, M., Flajolet, P. (2003) "Loglog Counting of Large Cardinalities (Extended Abstract)", In: G. Di Battista and U. Zwick (Eds.) – ESA 2003. *Lecture Notes in Computer Science*, Vol. 2832, pp. 605–617, Springer, Heidelberg.

[Fl85] Flajolet, P., Martin, G.N. (1985) "Probabilistic Counting Algorithms for Data Base Applications", *Journal of Computer and System Sciences*, Vol. 31 (2), pp. 182–209.

[Fl07] Flajolet, P., et al. (2007) "HyperLogLog: the analysis of a near-optimal cardinality estimation algorithm", *Proceedings of the 2007 International Conference on Analysis of Algorithms*, Juan les Pins, France – June 17-22, 2007, pp. 127–146.

[He13] Heule, S., et al. (2013) "HyperLogLog in Practice: Algorithmic Engineering of a State of The Art Cardinality Estimation Algorithm",

Proceedings of the 16th International Conference on Extending Database Technology, Genoa, Italy —- March 18-22, 2013, pp. 683–692, ACM New York, NY.

[Sc07] Scheuermann, B., Mauve, M. (2007) "Near-optimal compression of probabilistic counting sketches for networking applications", *Proceedings of the 4th ACM SIGACT-SIGOPS International Workshop on Foundation of Mobile Computing (DIAL M-POMC)*, Portland, Oregon, USA. – August 16, 2007.

[Wh90] Whang, K.-Y., Vander-Zanden, B.T., Taylor H.M. (1990) "A Linear-Time Probabilistic Counting Algorithm for Database Applications", *Journal ACM Transactions on Database Systems*, Vol. 15 (2), pp. 208–229.

| 第 4 章 |

频　　数

在操作大数据流的流式应用中，许多重要问题都和元素的频数估计有关，包括确定最频繁的元素以及检测某段时间内元素频数的变化趋势。

正如在其他问题中所看到的，当数据流足够大（此时数据流可以被视作无限长的元素序列）并且含有大量独立元素时，排序或者为每个元素设置计数器等常规方法将不再有效。还需要注意的是，在大多数情况下，存储以及重复处理这些序列是难以实现的。因此，需要单向数据流算法来解决这些问题。

如果数据流很大但是基数较小（仅包含少量独立元素），单独对每一个不同的元素设置计数器来维持准确的频数计数是可行的。在这种情况下，并不需要采用特别的算法。

处理大数据流的大数据应用，其特殊性要求所采用的合适的数据结构和算法应该满足如下条件：

- 只访问数据一次。
- 使用次线性复杂度的空间（最多是对数级空间）。这意味着算法和数据结构所需的空间不会增长得和输入数据流所需要的一样快。
- 支持快速和简单的更新，并保证一定的准确性。

由于空间大小的限制，这样的数据结构很显然需要在以压缩形式存在的数据上进行操作，即数据流的概要（例如：sketch）。与此同时，这种数据压缩形式使得难以在数据流上准确地计算大部分函数。因此，需要概率近似的方法来解决问题。

我们首先从形式化定义开始。定义数据流 $\mathbb{D} = \{x_1, x_2, \cdots, x_n\}$ 为任何自然元素的序列。假定元素的数量 n 非常庞大，例如数十亿，并且包含了未知的很大数目的独立元素。如果数据流确实是无穷的，$\mathbb{D}$ 可以被视作在某个时间窗口内观察到的子流。

利用估计大数据流中元素频数的方法，我们可以解决查找数据流中高频元素集合这样一类常见问题。这种问题也被称为频数问题。

当我们查找数据流 $\mathbb{D}$ 中出现次数超过 $n/2$ 的元素时，我们便是在考虑主元素问题。该问题由 J. Strother Moore 在 1981 年的 Journal of Algorithms 中提出[Bo81]。在主元素问题中，我们假定数据流中总是存在这样的主元素，尽管这个假设不总是正确的。根据定义，我们可以知道对于给定的数据流，其中只可能存在一个主元素。

显然，这个问题并不复杂，但是它却能加深我们对有关数据流频数问题的理解。

在大数据实际应用中最复杂的一类问题是寻找前 k 个最频繁、出现次数超过 n/k 的元素。这类元素被称为显著元素。其中，$k \ll n$，且一般被设置为 10、100 或者 1000。

> 寻找显著元素的前提条件是某些元素在数据流中出现的次数远多于其他元素。否则，解决这个问题没有任何意义。

在仅访问元素一次的条件下，不存在低于线性空间复杂度的解决显著元素问题的算法。这也许令人惊讶，但是却已经被证实。

许多实际应用都与显著元素问题有关，包括搜索、日志挖掘、网络分析、交通工程和异常检测。例如，在一个高流量的网站中，我们可能希望找到访问次数最多的 k 个用户（期望 $k \ll n$）。然而，一些用户可能拥有几乎相同的网站访问次数，并且难以在有限空间内获得这个问题的精确答案。

实际上，我们常常考虑的是显著元素问题的 ε 近似版本——ε-显著元素问题。在该问题中，取一个很小的正数 ε，若计算得出的元素频率估计为 n/k，则该算法可以保证该元素在数据流中的出现次数为 $n/k - \varepsilon n$。例如，给定 $\varepsilon = 1/2k > 0$，ε-显著元素问题可以保证频率至少为 n/k 的元素出现次数至少为

$$\frac{n}{k} - \varepsilon n = \frac{n}{k} - \frac{n}{2k} = \frac{n}{2k}$$

在小数据流中（不考虑独立元素的个数），仅仅对元素进行排序并进行线性扫描来寻找至少出现了 n/k 次的显著元素是可行的。

在任意的数据流 $\mathbb{D}$ 中，存在着 $0\sim k$ 个显著元素。对于某些参数 k，数据流中不一定存在主元素，却很可能存在至少一个显著元素。因此，主元素问题可以被视为显著元素问题的一种特殊情况。在这种特殊情况中，主元素存在，且参数 $k\approx 2-\varepsilon$。其中，$\varepsilon>0$ 是一个很小的正数。

例 4.1 域名服务器分布式拒绝服务（DDoS）攻击检测（Afek 等，2016）

分布式拒绝服务（DDoS）攻击包括许多对目标系统资源进行泛洪攻击的系统。这通常通过从一个僵尸网络中发送大量请求来进行。域名解析系统是一种常见的攻击目标，它在网络中充当着"电话簿"的角色，提供容易记忆的域名与网站 IP 地址间的转换关系。

域名解析系统的请求被认为是一种数据流，其中每个元素都有一个要解析的相关域名。更近一步，我们可以使用顶级域名对查询进行分组。当同一主域名下的许多不同且不存在的子域名发起请求时，通过分析请求流中出现最多的域名，我们可以检测随机域名解析系统中泛洪攻击的存在。

在流式应用中，另一个有趣的话题是最大交换问题。此问题试图寻找在不同数据流或不同时间窗口内频率变换最大的元素。这个问题在搜索引擎中具有很大的实际意义，因为通过寻找两段连续时间内频率变化最大的搜索查询，可以知道哪一个话题是以最快速率在人群中增长或下降的。

例 4.2 推特热门话题标签

话题标签用于在推特上索引一个话题，并且方便人们很容易地去关注他们感兴趣的项目。话题标签前面通常带着一个♯符号。

每秒钟大约有 6000 条推文[⊖]在推特上产生，也就是每天大约有 5 亿条。大多数推文都与一个或多个话题标签相关联。为了了解所有的最新事件，确定当天最受欢迎的话题是很重要的。

⊖ 推特数据统计见：https://www.internetlivestats.com/twitter-statistics/

通过处理推文的数据流，估计每一种话题标签的频数，并寻找最频繁出现的话题标签，可以确定当天的最受欢迎的话题。此外，比较昨天和今天的话题标签频数的变化趋势，有助于发现热门话题。例如：那些从前一天开始具有最快增长速度的话题。

我们将在本章学习各种解决大数据流中频数相关问题的方法。我们将从简单的确定性算法开始。随后，我们将学习可以有效解决现实生活问题的现代概率算法。

4.1 多数投票算法

由于主元素问题中主元素（当然，假定它存在）是中位数，我们不需要额外的分析就能提出一个线性时间复杂度的解法。这个算法的缺点是它需要多次遍历数据流。因此，该算法不适用于大数据流。

多数投票算法，也被称为波伊尔摩尔多数投票算法（Boyer-Moore Majority Vote Algorithm），是由 Bob Boyer 和 J. Strother Moore 于 1981 年[Bo81]提出的，旨在解决单次遍历数据流情况下的主元素问题。类似的解决方案由 Michael J. Fischer 和 Steven L. Salzberg 在 1982 年[Fi82]提出。

多数投票算法的数据结构相当简单，是由一个整数计数器和所谓的受监测元素组成的二元组：$S = (c, x^*)$。因此，它需要固定数量的内存，但是它的大小会随着元素的大小而变化。

这样的数据结构只支持一种简单的更新操作。该操作更新计数器，并根据其以前的状态和当前元素 x，选择被监控元素的候选对象。

算法 4.1：多数投票算法数据结构的更新

输入：元素 $x \in \mathbb{D}$

if $c = 0$ then
 ⌊ $x^* \leftarrow x$

if $x = x^*$ then
 ⌊ $c \leftarrow c+1$

else
 ⌊ $c \leftarrow c-1$

有了这种类型的数据结构，算法的描述就变得简单了。对于数据流 $\mathbb{D}$ 中的每个元素 x，触发算法 4.1 给出了更新过程。在主元素存在的条件下，算法返回最后一个被监控的元素作为主元素。需特别注意的是，计数器的值不等于主元素的频数。

算法 4.2：多数投票算法

输入：数据流 $\mathbb{D}$

输出：主元素

$c \leftarrow 0$

$x^* \leftarrow \text{NULL}$

for $x \in \mathbb{D}$ do

$\quad \lfloor \text{UPDATE}(x)$

return x^*

在多数投票算法中，任何后续出现的"非主元素"将减少计数器 c 的值，甚至使 c 减少到 0。这将会导致被监控元素 x^* 重新被选取。粗略地看，该算法如何以正确的值结束以及在某些情况下主元素是否会被消除等问题都是不清楚的。

后续出现的"非主元素"的值只能清除之前出现的主元素的副本。但是由于在数据流中主元素对应的计数值必然会超过 $n/2$，"非主元素"不足以消除掉主元素的计数值。因此，算法最后会留下主元素的剩余计数值。这也解释了为什么计数器的返回值不能被当作主元素频数的近似值。

当主元素不存在时，多数投票算法将输出数据流中任意一个元素。因此，当我们不确定多数元素是否存在并想要应用这种算法时，需要再遍历一次数据流，并通过一个简单的计数器来验证算法 4.2 给出的元素确实是出现次数超过 $n/2$ 的主元素。

例 4.3 多数投票算法

考虑一个包含 $n=10$ 个元素的数据集：$\{4,4,3,5,6,4,4,4,4,2\}$。很明显，主元素是 $x=4$，因为它在 10 个数据中出现了 6 次。

根据算法，我们初始化一个二元组 $S=(c, x^*)=(0, \text{NULL})$，然后开始遍历数据集中的元素。第一个元素是 $x_1=4$。由于计数器 c 此时为空，我们将该元素存储为受监测的元素 $x^*=4$，并增加计数器的值：$c=1$。接下来的元素 x_2 依旧是 4。由于该元素等于被监控的元素，所以我们只需要增加计数器的值：$c=2$。第三个输入元素是 $x_3=3$，与 $x^*=4$ 不同。因此，我们减少计数器的值：$c=1$。类似地，在处理 $x_4=5$ 之后，我们再次减少计数器的值，它变成：$c=0$。

接下来，我们处理元素 $x_5=6$。由于当前计数器值为零，我们更新被监控的元素为 $x^*=6$，并设置计数器：$c=1$。但是，它不会停留太久，在处理元素 $x_6=4$ 和 $x_7=4$ 之后，被监控的元素再次成为 $x^*=4$，计数器值也相应地更新为 $c=1$。下两个元素将计数器的值增加 2，使得 $c=3$，但最后一个元素 x_{10} 不等于 4，计数器的值将减到 $c=2$。

最后，正确的主元素 4 作为被监控元素被保留下来。但特别注意的是，剩余的计数器 c 不是频数估计器，它包含一个与真实频数完全不同的值。

由于多数投票算法的简单性，它成为了本科生课程中最受欢迎的算法。在下一节中，我们将研究它的扩展算法，该算法可以解决频数与显著元素问题。

4.2 频繁算法

在多数投票算法提出几年后，Erik D. Demaine、Alejandro López-Ortiz 和 J. Ian Munro 等于 2002 年提出了多数投票算法的衍生版本——频繁算法[De02]。在某种程度上，该算法被发现与 Jayadev Misra 和 David Gries 于 1982 年提出的 Misra-Gries 算法思想[Mi82]相同。

频繁算法是为了解决显著元素问题而设计的。与多数投票算法只使用一个计数器不同，频繁算法的数据结构由被监控元素集合 X^* 和长度为 p 的计数器数组 $C=\{c_i\}_{i=1}^{p}$ 组成。

每当从数据流中处理一个新元素时，我们首先检查它是否已经被监控。如果这是一个新的未被监控的元素，而且被监控元素集合还有空间

（我们最多在被监控元素集合中维持 p 个元素），我们就将其加入被监控元素集合 X^* 中。如果该新元素未能被添加，我们仍希望通过减少被监控元素集合中所有元素的计数器的值来反映该元素在数据流中的存在。当该元素已经存在于集合 X^* 时，我们仅需增加该元素对应的计数器的值。在处理过程的最后阶段，我们遍历计数器数组并弹出所有对应计数器为零的元素。

在最初的文章中，Misra 和 Gries 使用搜索树来表示频繁算法数据结构。然而，后来的研究人员更倾向于使用散列表，并将其实现为字典。

算法 4.3：频繁算法数据结构的更新

输入：元素 $x \in \mathbb{D}$

输入：频繁算法数据结构以及 p 个计数器

> if $x \notin X^*$ then
> > if $\exists m : c_m = 0$ then
> > > $x_m^* \leftarrow x$
>
> if $x \in X^*$ then
> > $\exists m : x_m^* = x$
> > $c_m \leftarrow c_m + 1$
>
> else
> > for $j \leftarrow 1$ to p do
> > > if $c_j > 0$ then
> > > > $c_j \leftarrow c_j - 1$
>
> for $j \leftarrow 1$ to p do
> > if $c_j = 0$ then
> > > $X^* \leftarrow X^* \setminus \{x_j^*\}$

频繁算法通过使用长度为 p 的数据结构，来发现在长度为 n 的数据流中出现次数至少为 $n/(p+1)$ 的元素。因此，为了得到数据流中至少出现 n/k 次的最多 $k-1$ 个显著元素，我们需要使用 $p = k-1$ 个计数器。

算法 4.4：频繁算法

输入：数据流 $\mathbb{D}$

输入：频繁算法数据结构以及 $k-1$ 个计数器

```
输出：显著元素
C := {c_i}_{i=1}^{k-1}, c_i ← 0
X* ← ∅
for x ∈ D do
  | Update(x)
return X*
```

频繁算法背后的思想与多数投票算法非常相似，它要求显著元素出现次数超过 n/k。

例 4.4　利用频繁算法寻找显著元素

设想一个由 $n=18$ 个元素组成的数据流：

$$\{4,4,4,4,6,2,3,5,4,4,3,3,4,2,3,3,3,2\}$$

为了找到数据流中至少出现 $n/3=6$ 次的显著元素，我们使用了包含 $p=2$ 个计数器的频繁数据结构，并使用算法 4.4 在最多有 3 个潜在显著元素中识别其中的 2 个。

	1	2
X^*		
C	0	0

我们从元素 4 开始。由于它不在 X^* 中，数据结构中也未保持任何元素，我们可以自由地将元素 4 加入被监控元素集合，增加对应计数器的值得到 $c_1=1$。

	1	2
X^*	4	
C	1	0

类似地，我们处理后面三个同样等于 4 的元素。由于元素 4 已经存在于集合 X^* 中，我们只需增加它的计数器 c_1 的值即可。

	1	2
X^*	4	
C	4	0

接下来的元素是尚未被监控的 6。由于集合 X^* 还有空间，我们将元素 6 加入集合并设置对应的计数器 $c_2 = 1$。

	1	2
X^*	4	6
C	4	1

接下来，我们处理同样不在集合 X^* 中的元素 2。然而，由于集合中没有多余空间，我们无法将元素 2 加入集合中。相反，我们减少当前集合 X^* 中所有元素的计数器的值。根据算法 4.4，我们还需要从被监控元素集合中移除计数器值为 0 的元素。在我们这个例子中，元素 6 符合此条件。因此，元素 6 被从集合中移除。

	1	2
X^*	4	
C	3	0

接下来，我们处理数据流中的元素 3。该元素不存在于集合 X^* 中。由于集合还有足够的空间，我们只需要将该元素加入集合并设置对应计数器 $c_2 = 1$。

	1	2
X^*	4	3
C	3	1

我们继续以类似的方式处理所有剩余元素，最终的数据结构变成：

	1	2
X^*	4	3
C	3	3

因此，算法得到的显著元素为元素 4 和元素 3。然而，计数器的值并不能反映数据流中元素频数的真实情况，正如我们在多数投票算法中提到的那样。

算法性能讨论

该算法的时间开销主要由每次更新时 $O(1)$ 时间复杂度的字典操作和减少计数器操作的开销两部分组成。为了提升算法的速度，我们可以使所有计数器的值同时减少。通过按顺序组织计数器并使用差分编码的方式，可以在常数时间内做到这点。其中唯一存储的信息是某个特定计数器与下个最小计数器之间的差。在增加和减少计数器的同时，最小化重要的移动顺序，意味着所有相同大小的计数器可以分为一组。有了这样优化后的数据结构，每个计数器不再需要存储具体的值，而是存储它对应的组。因此，频繁算法可以被优化到 $O(1)$ 时间内运行。

事实上，即使不采用任何概率方法，该算法也能搜索出显著元素问题中至多 $k-1$ 个候选显著元素。然而，它更关注在没有正确频数近似的情况下来确定高频元素。因此，如果我们期望估计元素的频数，遍历数据流两次是必要的。然而，这在处理大数据流的大多数情况下是难以实现的。

因此，在下一节中，我们将继续使用十分有效的概率数据结构来研究频率相关问题的解决方法。这些数据结构非常适用于大数据流。

4.3 Count Sketch

Count Sketch 是一种用来解决许多与频数相关的数据流问题的低空间复杂度算法，于 2002 年由 Moses Charikar、Kevin Chen 和 Martin Farach-Colton 提出[Ch02]。他们对创建一个空间复杂度低的数据结构有实际的要求，该结构可以轻松地维护数据流中高频元素的近似计数。

为了更好地理解 Count Sketch 所解决的问题，我们提醒一下，计数布隆过滤器的思想也可以用于计算数据流中元素出现的频率，但这还不足以确定精确的频数估计。

设想一个由 m 个计数器组成的数组 $C=\{c^i\}_{i=1}^m$ 和 p 个由元素映射成 $\{1,2,\cdots,m\}$ 的散列函数 $h_1,h_2,\cdots,h_p$ 共同组成的数据结构。像使用计数布隆过滤器一样，将元素 x 从数据流中索引到这种数据结构中，包括对 $\{h_j(x)_{j=1}^p\}$ 的计算以及对数组中相应的计数器 $c^{h_j(x)},j=1,\cdots p$，递增。

当我们需要计算元素 x 的频数 $f(x)$ 时，我们为该元素计算每个散列函数的值，然后获取相应计数器 $c^1,c^2,\cdots,c^m$ 的值，这些值发挥着频数估算的作用。

但是，由于计数器的值永远不会降低，并且散列函数使用同一个数组，因此，这样的估计值很明显将大于元素的实际频数 $f(x)$：

$$f(x) \leqslant c^i, i=1,\cdots,m$$

该不等式代表了不同元素更新同一个计数器时可能发生散列冲突的结果。换句话说，我们估计中总存在的单侧误差，使我们的估计全部成为了上限估计。

Count Sketch 的思想是通过建立下限和上限估算来解决此问题。为了防止与高频元素发生冲突而破坏大多数低频元素估计的情况，需要随机决定何时减少以及何时增加计数器的值。为了减少估计的方差，最终选取了这些估计的中位数。

设计用于存储 m 个高频元素的频数的 Count Sketch 数据结构由 $p \times m$ 个计数器 $\{c_j^i\}$ 构成的数组组成。这些数组可以看作 p 个散列表，每个散列表包含了 m 个桶。此外，它使用 p 个将元素映射到 $\{1,2,\cdots,m\}$ 范围内的散列函数 $h_1,h_2,\cdots,h_p$，以及 p 个将元素映射到 $\{-1,1\}$ 的散列函数 $s_1,s_2,\cdots,s_p$，以便支持对真实频数值的双侧近似。这里假设散列函数 h_i 和 s_i 是成对独立的并且彼此独立。

该数据结构允许为每个索引元素更新计数器，并估计该元素过去所被查看过的次数，并被用作该元素的频数估算。每当我们为新元素 x 构建索引时，sketch 的每 j 行的计数器 $c_{j^i}^{h_i(x)}$ 均可根据 $s_j(x)$ 的值递增或递减。因此，计数器有可能高估元素 x 出现的频数，也有可能低估了它出现的频数。

算法 4.5：更新 Count Sketch

输入：元素 $x \in \mathbb{D}$

输入：Count Sketch 以及 $p \times m$ 个计数器

for $j \leftarrow 1$ to p do
$\quad | \quad i \leftarrow h_j(x)$
$\quad | \quad c_j^i \leftarrow c_j^i + s_j(x) \cdot 1$

假设每个散列函数 $\{h_j\}_{j=1}^p$ 和 $\{s_j\}_{j=1}^p$ 的计算时间是恒定的，那么算法 4.5 给出的整个更新过程的运行时间复杂度为 $O(p)$。

例 4.5　构建 Count Sketch

给定一个元素个数为 $n = 18$ 的数据集：

$$\{4,4,4,4,2,3,5,4,6,4,3,3,4,2,3,3,3,2\}$$

我们使用 $p = 3$ 个基于 MurmurHash3、FNV1a 和 MD5 的散列函数和 $m = 5$ 个计数器构建 Count Sketch 数据结构，来决定要更新哪个计数器：

$$h_1(x) := \mathrm{MurmurHash3}(x) \bmod 5 + 1$$
$$h_2(x) := \mathrm{FNV1a}(x) \bmod 5 + 1$$
$$h_3(x) := \mathrm{MD5}(x) \bmod 5 + 1$$

同时，我们使用 3 个散列函数确定更新方向：

$$s_1(x) := \mathrm{MurmurHash3}(x) \bmod 2?\ -1{:}1$$
$$s_2(x) := \mathrm{FNV1a}(x) \bmod 2?\ -1{:}1$$
$$s_3(x) := \mathrm{MD5}(x) \bmod 2?\ -1{:}1$$

在初始阶段，Count Sketch 数据结构由 0 组成：

	1	2	3	4	5
h_1	0	0	0	0	0
h_2	0	0	0	0	0
h_3	0	0	0	0	0

我们从数据集中开始处理元素，第一个元素为 4。根据算法 4.5，我们计算其散列值 $h_1(4)$，$h_2(4)$ 和 $h_3(4)$ 以确定必须更新的计数器：

$$i_1 = h_1(4) = 3, i_2 = h_2(4) = 3, i_3 = h_3(4) = 1$$

在这种情况下，两个散列函数的计算结果是相同的值，但是由于我们为每个散列函数维护专用的计数器列表，因此这并不是问题。为了确定更新的方向，我们计算散列值 $s_1(4)$，$s_2(4)$ 和 $s_3(4)$：

$$s_1(4) = 1, s_2(4) = 1, s_3(4) = -1$$

因此，我们增加计数器 c_1^3 和 c_2^3 的值，同时减少计数器 c_3^1 的值。所得的 Count Sketch 数据结构如下所示：

	1	2	3	4	5
h_1	0	0	1	0	0
h_2	0	0	1	0	0
h_3	-1	0	0	0	0

接下来的三个元素也是 4，因此我们将相同的计数器再增加或减少 3：

	1	2	3	4	5
h_1	0	0	4	0	0
h_2	0	0	4	0	0
h_3	-4	0	0	0	0

数据集中的下一个元素为 2，其对应的索引为 $i_1 = 3$，$i_2 = 2$ 和 $i_3 = 3$。方向散列函数的值分别为 $s_1(2) = 1$，$s_2(2) = 1$ 和 $s_3(2) = -1$，因此我们将计数器 c_1^3 和 c_2^2 递增，并将 c_3^3 递减。值得注意的是，因为存在软冲突，因此元素 2（沿相同方向）更改了元素 4 使用的计数器。这使计数器 c_1^3 中的值高估了这两个元素的实际频数值。

	1	2	3	4	5
h_1	0	0	5	0	0
h_2	0	1	4	0	0
h_3	-4	0	-1	0	0

以同样的方式，我们处理所有剩余的元素。对于元素 3，我们递减计数器 c_1^1 和 c_2^3，并递增计数器 c_3^4；对于元素 5，我们将计数器 c_1^3 和 c_2^4 递减，并将 c_3^4 递增；对于元素 6，我们递减计数器 c_1^4 和 c_3^3，并递增 c_2^1。

最终的 Count Sketch 具有以下形式：

	1	2	3	4	5
h_1	-6	0	9	-1	0
h_2	1	3	1	-1	0
h_3	-7	0	-4	7	0

在概率论中，通常在许多随机分布的实验中，建立更好的近似值的方法是使用均值和中位数。Count Sketch 数据结构在计算频数的最终估计值时使用了中位数，因为中位数具有鲁棒性，并且对异常值不敏感。

算法 4.6：使用 Count Sketch 估计频数

输入：元素 $x \in \mathbb{D}$

输入：Count Sketch 以及 $p \times m$ 个计数器

输出：频数估计

$\hat{f} := \{\hat{f}_j\}_{i=1}^p$
for $j \leftarrow 1$ to p do
$\quad i \leftarrow h_j(x)$
$\quad \hat{f}_j \leftarrow s_j(x) \cdot c_j^i$
return median$(\hat{f}_1, \hat{f}_2, \cdots, \hat{f}_p)$

更新每个元素的时间复杂度为 $O(p)$，原因在于在使用选择算法寻找 p 个元素的中位数的过程中花费了一些线性的时间。因此，查询过程的时间

复杂度也为 $O(p)$。

例 4.6　基于 Count Sketch 数据结构的频数估计

考虑我们在例 4.5 中构建的数据结构：

	1	2	3	4	5
h_1	-6	0	9	-1	0
h_2	1	3	1	-1	0
h_3	-7	0	-4	7	0

让我们估算元素 4 的频率，其对应的计数器分别为 c_1^3，c_2^3 和 c_3^1。正如我们之前确定的那样，它们的更新方向为 $s_1(4)=1$，$s_2(4)=1$ 和 $s_3(4)=-1$。使用算法 4.6，我们计算这些计数器的加权值的中位数作为估计值：

$$\hat{f}=\mathrm{median}(s_1(4) \cdot c_1^3, s_2(4) \cdot c_2^3, s_3(4) \cdot c_3^1)=\mathrm{median}(9,1,7)=7$$

因此，元素 4 的估计频数为 7，这也是数据集中元素 4 的正确频数。

现在，考虑元素 2，它具有方向计数器散列值 $s_1(2)=1$，$s_2(2)=1$ 和 $s_3(2)=-1$，以及对应的计数器 c_1^3，c_2^2 和 c_3^3。因此，对元素 2 的频数估计值为：

$$\hat{f}=\mathrm{median}(s_1(2) \cdot c_1^3, s_2(2) \cdot c_2^2, s_3(2) \cdot c_3^3)=\mathrm{median}(9,3,4)=4$$

可见高估了数据集中元素 2 的正确频数 3。

Count Sketch 数据结构可用于查找前 k 个高频元素，称为"频繁项"问题。通过对数据流的单次遍历、常规的 $p \times m$ 计数器数组以及散列函数 $\{h_j\}_{j=1}^p$ 和 $\{s_j\}_{j=1}^p$，我们维护了一组包含 k 个高频元素的集合 X^*。我们首先根据算法 4.5 将数据流中的每个元素 x 索引到 Count Sketch 数据结构中。然后，如果元素不在集合 X^* 中并且可以被添加，我们将插入该元素。否则，我们使用算法 4.6 估算频数，如果该频数大于集合中的最小频数，则在删除具有最小频数的元素的同时，将元素 x 添加到集合 X^* 中。

算法 4.7：使用 Count Sketch 获取高频元素

输入：数据流 $\mathbb{D}$

输入：Count-Min Sketch 以及 $p \times m$ 个计数器

输出：高频元素

$X^* \leftarrow \varnothing$

for $x \in \mathbb{D}$ do

    Update(x)

    if $x \in X^*$ then

          continue

    if $|X^*| < k$ then

        $X^* \leftarrow X^* \cup \{x\}$

    else

        $\hat{f} \leftarrow$ **Frequency**(x)

        $(x^*_{\min}, \hat{f}^*_{\min}) \leftarrow \min\limits_{x^* \in X^*} (\textbf{Frequency}(x^*))$

        if $\hat{f} > \hat{f}^*_{\min}$ then

            $X^* \leftarrow X^* \cup \{x\} \setminus \{x^*_{\min}\}$

return X^*

例 4.7 基于 Count Sketch 数据结构的高频元素估计

给定与例 4.5 中相同的设置，并在数据集中搜索 $k=3$ 个高频元素：

$$\{4,4,4,4,2,3,5,4,6,4,3,3,4,2,3,3,3,2\}$$

根据算法 4.7，除了 Count Sketch 数据结构外，我们还创建了一个集合 X^* 来存储高频元素的候选对象。

我们开始遍历数据集，其中第一个元素为 4。从例 4.5 可知，我们需要增加计数器 c_1^3 和 c_2^3 的值，同时减少计数器 c_3^1 的值。

	1	2	3	4	5
h_1	0	0	1	0	0
h_2	0	0	1	0	0
h_3	−1	0	0	0	0

当前集合 X^* 为空，因此我们可以将元素 4 插入其中：此时 $X^* = [4]$。

数据流中接下来的三个元素也为 4，因此，我们将它们索引到数据结构中，而无须对 X^* 进行任何更改。

	1	2	3	4	5
h_1	0	0	4	0	0
h_2	0	0	4	0	0
h_3	-4	0	0	0	0

数据流中下一个元素是 2，正如我们先前确定的那样，我们将计数器 c_1^3 和 c_2^2 递增，并将 c_3^3 递减。该元素不在高频元素的候选集中，并且由于 X^* 目前的大小足够，因此我们将元素 2 添加到集合中：$X^* = [4,2]$。

	1	2	3	4	5
h_1	0	0	5	0	0
h_2	0	1	4	0	0
h_3	-4	0	-1	0	0

数据流中下一个输入元素是 3。为了将其索引到 Count Sketch 数据结构中，我们递减计数器 c_1^1 和 c_2^3，并递增计数器 c_3^4。由于集合 X^* 内目前仅有 2 个元素（上限为 3），因此我们将元素 3 添加到集合中：$X^* = [4,2,3]$。

	1	2	3	4	5
h_1	-1	0	5	0	0
h_2	0	1	3	0	0
h_3	-4	0	-1	1	0

接下来，我们从数据集中获取元素 5 并通过减少计数器 c_1^3 和 c_2^4，以及增加 c_3^4 来更新 sketch。

	1	2	3	4	5
h_1	-1	0	4	0	0
h_2	0	1	3	-1	0
h_3	-4	0	-1	2	0

元素 5 不在集合 X^* 中，但其已达到上限 $k=3$。因此，对于当前的 Count Sketch 数据结构，我们需要使用算法 4.6 估算集合 X^* 中元素与元素 5 的频数。

$$\hat{f}(5) = \mathrm{median}(-c_1^3, -c_2^4, c_3^4) = \mathrm{median}(-4, 1, 2) = 1$$

$$\hat{f}(4) = \mathrm{median}(c_1^3, c_2^3, -c_3^1) = \mathrm{median}(4, 3, 4) = 4$$

$$\hat{f}(2) = \mathrm{median}(c_1^3, c_2^2, -c_3^3) = \mathrm{median}(4, 1, 1) = 1$$

$$\hat{f}(3) = \mathrm{median}(-c_1^1, -c_2^3, c_3^4) = \mathrm{median}(1, -3, 2) = 1$$

可见，当前元素 5 的估计频数不会超过集合 X^* 中元素的最小频数，因此我们不会更改集合 X^* 中的元素：$X^* = [4, 2, 3]$。

以类似的方式，我们处理数据集中的所有剩余元素。在处理完最后一个元素之后，Count Sketch 数据结构具有以下形式：

	1	2	3	4	5
h_1	-6	0	9	-1	0
h_2	1	3	1	-1	0
h_3	-7	0	-4	7	0

而三个高频元素是

$$X^* = [4, 2, 3]$$

注意，集合 X^* 中的高频元素没有排序，并且我们可以使用算法 4.6 估算它们的频数。

同样，我们可以解决"显著元素"问题。为了找到 k 个显著元素，我们维护了一个包含已经处理过的元素的计数器 N。使用该计数器，每次索引一个新元素时，我们就会计算频数阈值 $f^* = N/k$。若当前元素的估计频数高于阈值，则将其插入到堆 X^* 中，作为显著元素的候选者。另外，在每一步中，我们从堆中删除其存储频数低于实际阈值 f^* 的元素。

算法 4.8：使用 Count Sketch 确定高频元素

输入：数据流 $\mathbb{D}$

输入：Count Sketch 以及 $p \times m$ 个计数器

输出：高频元素

$N \leftarrow 0, X^* \leftarrow \varnothing$
for $x \in \mathbb{D}$ do
$\quad$ $N \leftarrow N + 1$
$\quad$ **Update**(x)
$\quad$ $\hat{f} \leftarrow$ **Frequency**(x)
$\quad$ $f^* \leftarrow \frac{N}{k}$
$\quad$ if $\hat{f} \geqslant f^*$ then
$\quad\quad$ $X^* \leftarrow X^* \cup \{(x, f)\}$
$\quad$ for $(x^*, \hat{f}) \in X^*$ do
$\quad\quad$ if $\hat{f} \leqslant f^*$ then
$\quad\quad\quad$ $X^* \leftarrow X^* \setminus \{(x^*, \hat{f})\}$
return X^*

Count Sketch 数据结构也可以被用于查找频数变化最大的元素，即最大变化问题。对于两个处于可比较阶段的数据流，我们可以为每个数据流构建一个 Count Sketch 数据结构，并维护具有最大差异的元素的堆 X^*。每次索引新元素时，我们都会使用算法 4.6 估算其频数，并更新堆来仅保留变化最大的元素。最后，该算法输出具有最大频数变化值的 k 个元素。

算法性能讨论

Count Sketch 保证了频数的估计误差不大于 $\varepsilon \cdot n$，且发生的概率至少为 $1 - \delta$。随着散列函数 p 数量的不断增加，错误估计的概率也相应地减少。对于期望的标准误差 δ，COUNTSKETCH 数据结构中的与行相对应的散列函数的推荐数目是：

$$p = \left\lceil \ln \frac{1}{\delta} \right\rceil \qquad (4\text{-}1)$$

m 越大，发生碰撞的可能性越小，这意味着会有较低的估计误差 $\varepsilon \cdot n$。同时，随着更多的估计器 p 被添加到最终运算中，计算结果的可靠性也随之增加。因此计数器 m 的推荐个数为：

$$m \approx \left\lceil \frac{2.718\,28}{\varepsilon^2} \right\rceil \qquad (4\text{-}2)$$

Count Sketch 数据结构所需的总体空间为 $O(m \cdot p + 2p)$，因为我们保留了一个大小为 $p \times m$ 的计数矩阵，每行有两个散列函数。

如果两个 Count Sketch 数据结构具有相同大小的 m，则可以轻松地将它们彼此相加或相减，这对于分布式流处理很有用。

Count Sketch 的实现被用于 Apache Hive 和其他数据仓库软件的设计中，但是现代应用程序更喜欢使用其后继产品 Count-Min Sketch 算法，因为它需要更少的空间和执行时间。

4.4　Count-Min Sketch

Count-Min Sketch（CMSketch）是一种简单的节省空间的概率数据结构，被用于估计数据流中元素的频数并可以解决"显著元素"问题。它由 Graham Cormode 和 Shan Muthukrishnan 于 2003 年[Co03]提出，并于 2005 年[Co05]发表。

正如我们在上一节 Count Sketch 中所看到的那样，直接将计数布隆过滤器应用于频数估计任务的主要瓶颈是，所有散列函数共享一个计数器数组，因此遭受了硬冲突和软冲突。频数估计的质量几乎不受可能出现的散列冲突影响，即使它们会高估计数器的值。但是当数据流中的元素数量很大时，与高频元素发生冲突是基本确定会发生的。并且，由于过高地估计了所有计数器的值，这种近似变得毫无用处。

为了解决这种频数估计精度不足的问题，Count-Min Sketch 算法将由 m 个计数器组成的单个数组替换成由 p 个数组组成的散列表，其中每个数组包含 m 个计数器，同时让新元素更新每个散列表对应的不同计数器而不是更新单个计数器。m 个计数器的目的是压缩数据流 $\mathbb{D}=\{x_1,x_2,\cdots,x_n\}$，并且会因为 $m\ll n$ 而导致错误的"有损"压缩。为了减少这些错误，该算法通过使用 p 个散列函数，以及与每个散列函数相关的由 m 个计数器组成的专用数组，引入了许多独立的试验。

CMSketch 是一种节省空间的数据结构，包含了由 $p\times m$ 个计数器 $\{c_i^j\}$ 组成的数组。其中，p 个成对独立的散列函数 $h_1,h_2,\cdots,h_p$ 实现了从无穷到范围 $\{1,2,\cdots,m\}$ 的映射。

这种简单的数据结构允许对数据流中的元素进行索引，更新计数器，并可以提供对每个特定元素进行索引的次数，这可以看作对该元素的频数估计。

算法 4.9：更新 Count-Min Sketch

输入：元素 $x\in\mathbb{D}$

输入：Count-Min Sketch 以及 $p\times m$ 个计数器

for $j \leftarrow 1$ to p do
$\quad | \quad i \leftarrow h_j(x)$
$\quad | \quad c_j^i \leftarrow c_j^i + 1$

假设每个散列函数 $\{h_j\}_{j=1}^{p}$ 可以在恒定时间内计算出来，那么算法 4.9 给出的更新过程的时间复杂度为 $O(p)$。

例 4.8 构建 Count-Min Sketch

参考例 4.5 中元素个数为 $n=18$ 的数据集：

$$\{4,4,4,4,2,3,5,4,6,4,3,3,4,2,3,3,3,2\}$$

我们使用 $p=2$ 个基于 MurmurHash3 和 FNV1a 的散列函数和 $m=4$ 个计数器构建 Count-Min Sketch 数据结构：

$$h_1(x):=\mathrm{MurmurHash3}(x)\bmod 4+1$$
$$h_2(x):=\mathrm{FNV1a}(x)\bmod 4+1$$

在初始阶段，CMSketch 数据结构由 0 组成：

	1	2	3	4
h_1	0	0	0	0
h_2	0	0	0	0

我们开始遍历数据集中的元素。第一个元素是 4，根据算法 4.9，我们计算其散列值以确定必须更新的计数器：

$$i_1 = h_1(4) = 4$$
$$i_2 = h_2(4) = 4$$

需特别注意的是，虽然两个散列函数的计算结果相同，但是由于我们为每个散列函数维护专用的计数器列表，因此这不是问题。因此，我们增加了计数器 c_1^4 和 c_2^4 的值。CMSketch 数据结构如下所示。

	1	2	3	4
h_1	0	0	0	1
h_2	0	0	0	1

数据流中接下来的三个元素都为 4，因此我们更新了相同的计数器：

	1	2	3	4
h_1	0	0	0	4
h_2	0	0	0	4

数据流中接下来的元素为 2，其相关的索引为 $i_1 = 4$ 和 $i_2 = 1$。因此，我们增加了计数器 c_1^4 和 c_2^1 的值。需特别注意的是，此时出现了一次软碰撞，即元素 2 修改了元素 4 使用的计数器的值。这使得计数器 c_1^4 中的值对两个元素的真实频数都产生了过量估计。

	1	2	3	4
h_1	0	0	0	5
h_2	1	0	0	4

以同样的方式，我们处理了所有剩余的元素。对于元素 3，更新了计数器 c_1^1 和 c_2^3；对于元素 5，更新了计数器 c_1^1 和 c_2^1；对于元素 6，更新了 c_1^1 和 c_2^2。值得注意的是，元素 6 的两个计数器与其他元素发生了冲突，因此我们可以推断元素 6 的频数值将被高估。

最终的 CMSketch 数据结构具有以下形式：

	1	2	3	4
h_1	8	0	0	10
h_2	1	4	6	7

每次对元素 x 进行索引时，对于 sketch 的每一行 j，相同的计数器 $c_j^{h_j(x)}$ 都会递增，并且由于它们从未减少，因此这些计数器为频数提供了上限：

$$f(x) \leqslant c_j^{h_j(x)}, j = 1, 2, \cdots, p$$

虽然计数器不会低估实际频率 $f(x)$，但通常会高估它，因为 $m \ll n$ 且存在很多冲突，比如 $h_j(x) = h_j(y)$ 但 $x \neq y$，这意味着当元素 x 索引到 CMSketch 中时，元素 x 与元素 y 的对应计数器都会增加。

由上述推断可见，有 p 个估计值存在单侧误差（所有这些估计都是对实际值的高估）。通常，可使用平均值为多个估计值建立更好的近似值，但是上述误差会使估计值更糟。显然，在这种情况下，应使用最小值作为最佳估计。

算法 4.10：使用 Count-Min Sketch 估计频数

输入：元素 $x \in \mathbb{D}$

输入：Count-Min Sketch 以及 $p \times m$ 个计数器

输出：频数估计

$$\hat{f} := \{\hat{f_j}\}_{i=1}^{p}$$

for $j \leftarrow 1$ to p do
  $\quad i \leftarrow h_j(x)$
  $\quad \hat{f_j} \leftarrow c_j^i$
return $\min(\hat{f_1}, \hat{f_2}, \cdots, \hat{f_p})$

在 p 个元素中寻找最小值的时间复杂度是线性的。因此，与更新过程相同，算法 4.10 给出的频数估算的时间复杂度也为 $O(p)$。

例 4.9　基于 Count Sketch 的频数估计

参考我们在例 4.8 中所构建的 CMSketch 数据结构：

	1	2	3	4
h_1	8	0	0	10
h_2	1	4	6	7

与之前所确定的一样，让我们来估计元素 4 的频数，其对应的计数器是 c_1^4 和 c_2^4。使用算法 4.10，我们可以计算出这些计数器的最小值：

$$\hat{f} = \min(c_1^4, c_2^4) = \min(10, 7) = 7$$

因此，元素 4 的估计频数为 7，这也是它在数据集中的正确计数。

现在，考虑对应于计数器 c_1^1 和 c_2^2 的元素 6。但正如我们在例 4.8 中所指出的那样，由于碰撞，这两个计数器被其他元素使用。因此，元素 6 的频数估计值为

$$\hat{f} = \min(c_1^1, c_2^2) = \min(8, 4) = 4$$

与元素 6 在数据集中的实际个数 1 相比，这显然大大高估了其实际值。如果我们想保持更好的准确性并使这种冲突更少发生，我们需要有更多的散列函数和计数器，但这样会增加其时间与空间复杂度。

知道如何估算元素的频数后，我们可以使用 Count-Min Sketch 算法确定高频元素。与 Count Sketch 数据结构相似，最简单的方法是维护一组最常用元素的候选对象以及主要 CMSketch 数据结构。然后，我们遍历数据流，并利用看到的所有元素更新 Sketch。如果该元素不在少于 k

个元素的集合中，则只需做添加操作即可。但是，如果集合达到最大容量，则仅当该元素的估计频数超过集合中的最小频数时，才能被添加，并将移除频数最小的元素。最终，X^* 中的元素被认为是数据流中的高频元素。

CMSketch 数据结构可以使用上述类似的方式解决"显著元素"问题。在对数据流的一次过滤中，除了常规的计数器 C 和由 p 个散列函数构成的 $p \times m$ 数组之外，我们还分配了一个计数器 N 来存储到目前为止观察到的元素数量，并构造一个最多包含 k 个潜在"显著元素"的堆 X^*。我们使用频率阈值 $f^* = \dfrac{N}{k}$ 来确定元素是否是"显著元素"。对于数据流中的每个元素 x，我们在执行更新过程后进行频数估计。若 $\hat{f}(x) \geqslant f^*$，则该元素有资格作为"显著元素"的候选。若该元素还没有在堆中，则将该元素与其频数存储在一起。否则，我们将使用新值更新存储的频数。

计数器 N 的大小随着已处理元素的增加而增加。当已处理元素增加时，堆中某些元素的估计频数会小于阈值 f^*，并且必须在每一步将这些元素从堆中删除。在处理结束时，堆中的所有元素都被视为显著元素。根据定义，数据流中最多有 k 个"显著元素"。

算法 4.11：使用 Count-Min Sketch 获取高频元素

输入：数据流 $\mathbb{D}$

输入：Count-Min Sketch 以及 $p \times m$ 个计数器

输出：高频元素

$N \leftarrow 0$, $X^* \leftarrow \varnothing$

for $x \in \mathbb{D}$ **do**

    $N \leftarrow N + 1$

    Update(x)

    $\hat{f} \leftarrow$ **Frequency**(x)

    $f^* \leftarrow \dfrac{N}{k}$

    if $\hat{f} \geqslant f^*$ **then**

        $X^* \leftarrow X^* \cup \{(x, f)\}$

    for $(x^*, \hat{f}) \in X^*$ **do**

        if $\hat{f} \leqslant f^*$ **then**

            $X^* \leftarrow X^* \setminus \{(x^*, \hat{f})\}$

return X^*

维持一个解决"ε-显著元素"问题的堆，其中 $\varepsilon = \dfrac{1}{2k}$，对每个元素而言解决问题的时间复杂度为 $O\left(\log \dfrac{1}{\varepsilon}\right)$。

例 4.10 基于 Count-Min Sketch 数据结构的高频元素估计

考虑与例 4.9 中相同的设置，并在遍历数据集时搜索 $k = 3$ 个显著元素。

$$\{4,4,4,4,2,3,5,4,6,4,3,3,4,2,3,3,3,2\}$$

根据算法 4.11，除了 CMSketch 数据结构外，我们还创建了一个存储已处理元素的计数器 N 和一个堆 X^*，该堆 X^* 最多存储 k 个候选高频元素。我们将跳过更新计数器和频数估计的细节，因为这些步骤与上面的示例相同。

我们开始遍历数据集，第一个元素是 4，因此我们相应地增加了计数器 c_1^4 和 c_2^4 的值。

	1	2	3	4
h_1	0	0	0	1
h_2	0	0	0	1

至此，我们已经处理了 $N = 1$ 个元素，因此堆 X^* 的阈值 f^* 为 $\dfrac{1}{3}$。在 CMSketch 数据结构中，元素 4 的频数估计为 1，并且该值高于阈值。因此，我们将此元素及其频数添加到堆中：$X^* = [(4,1)]$。

下一个元素依然为 4，我们增加相同的计数器的值。

	1	2	3	4
h_1	0	0	0	2
h_2	0	0	0	2

由于我们已经处理了 $N = 2$ 个元素，因此阈值 f^* 修改为 $\dfrac{2}{3}$。元素 4 当

前的频数估计为 2，该结果仍高于阈值，并且由于该元素已经在堆中，因此我们只更新其频数：$X^* = [(4,2)]$。

我们以类似的方式处理接下来的 14 个元素（最多为 $N=16$）。堆中的元素数量没有变化，元素 4 是迄今为止唯一的显著元素候选者：$X^* = [(4,7)]$。CMSketch 数据结构具有以下形式：

	1	2	3	4
h_1	7	0	0	9
h_2	1	3	5	7

数据集中的下一个元素是 3，我们增加其计数器 c_1^1 和 c_2^3 的值。

	1	2	3	4
h_1	8	0	0	9
h_2	1	3	6	7

此时，已经有 $N=17$ 个处理过的元素，因此频数阈值为 $f^* = \frac{17}{3} \approx 5.33$。对元素 3 的频数估计为 $\hat{f} = \min(8,6) = 6$，该值高于阈值。因此，我们将其添加到堆中：$X^* = [(4,7),(3,6)]$。堆中的所有元素都具有足够大的频数，因此我们不会删除其中的任何一个。

数据集中的最后一个元素是 2，其频数低于阈值 $f^* = \frac{18}{3} = 6$。因此，当前步骤对堆没有任何更改，并且显著元素的最终列表为：

$$X^* = [(4,7),(3,6)]$$

（1）性质

Count-Min Sketch 算法同时具有近似性和概率性，因此回答特定查询的误差参数 ε 和误差概率 δ 这两个参数会影响算法的时间复杂度与空间复杂度。事实上，该算法以至少 $1-\delta$ 的概率保证了估计误差不会超过 $\varepsilon \cdot n$。

与 Count Sketch 相似，增加散列函数 p 的数目会降低错误估计的可能性。对于所需的标准误差 d，与 CMSketch 数据结构中的行相对应的散列函数的推荐数目是：

$$p = \left\lceil \ln \frac{1}{\delta} \right\rceil \qquad (4\text{-}3)$$

m 越大，发生碰撞的可能性越小，因此过量估计的误差 $\varepsilon \cdot n$ 也会更低。同时，随着更多的估计器 p 被添加到最终运算中，计算结果的可靠性也随之增加。因此，计数器 m 的推荐个数为

$$m \approx \left\lceil \frac{2.718\,28}{\varepsilon} \right\rceil \qquad (4\text{-}4)$$

与公式（4-2）相比，Count-Min Sketch 比 Count Sketch 的空间复杂度更低。

由于 CMSketch 数据结构包含了大小为 $p \times m$ 的二维数组以及 p 个散列函数，因此当假设每个散列函数存储在 $O(1)$ 的空间时，算法一共需要 $O(m \times p + p)$ 的空间复杂度。

例 4.11   估计所需的存储空间

根据公式(4-3)，要使标准误差 d 在 1% 左右，至少需要 $p = \left\lceil \ln \frac{1}{0.01} \right\rceil = 5$ 个散列函数。例如，我们预计将为 1000 万（$n = 10^7$）个元素建立索引，并允许固定的过量估计为 10。因此，我们需要设置 $\varepsilon = \frac{10}{10^7} = 10^{-6}$，并且建议的计数器数量为：

$$m = \frac{2.718\,28}{10^{-6}} \approx 2\,718\,280$$

因此，CMSketch 数据结构需要保持大小为 $5 \times 2\,718\,280$ 的计数器阵列，矩阵中包含了 32 位的整数计数器，整个数据结构需要 54.4MB 的存储空间。

可以通过简单的矩阵加法轻松地将两个相同大小的 Count-Min Sketch 数据结构合并在一起，从而形成其数据集合并后的数据结构。因此，Count-Min Sketch 在 MapReduce 和大数据应用程序的并行流任务中很有用。

大数据的特点是高速传输大量数据，这使空间和更新时间变得很重要。幸运的是，Count-Min Sketch 的实际实现仅消耗多达几百兆的存储空间，并且每秒可以处理数千万个更新。

Count-Min Sketch 广泛用于在分布式流处理框架（包括 Apache Spark、Apache Storm、Apache Flink 等）上运行的流量分析和流内挖掘应用上的任务。一些流行的数据库的实现也应用了该算法，例如 Redis 和 PostgreSQL。

4.5 总 结

在本章中，我们讨论了确定连续且可能无限的数据流中元素频数的问题。这些问题往往需要大数据应用来处理。我们首先阐述了许多与频数相关的重要问题。这些问题可以使用本章中的数据结构和算法来解决。从最简单的主元素问题开始，我们学习了十分复杂的关于寻找最频繁元素和显著元素的问题。

如果你对本章涉及的信息感兴趣或者想要阅读原始文献，请查阅本章后的参考文献列表。

在下一章，我们将继续处理数据流，并将学习可用于计算排名特征（如：分位数及其特殊类型，包括百分位数和四分位数）的概率算法。

本章参考文献

[Bo81] Boyer, R., Moore, J. (1981) "MJRTY - A Fast Majority Vote Algorithm", *Technical Report 1981-32*, Institute for Computing Science, University of Texas, Austin.

[Ch02] Charikar, M., Chen, K., Farach-Colton, M. (2002) "Finding Frequent Items in Data Streams", *Proceedings of the 29th International Colloquium on Automata, Languages and Programming*, pp. 693–703, Springer, Heidelberg.

[Co09] Cormode, G. (2009) "Count-min sketch", In: Ling Liu, M. Tamer Özsu (Eds.) – *Encyclopedia of Database Systems*, pp. 511–516, Springer, Heidelberg.

[Co03] Cormode, G., Muthukrishnan, S. (2003) "What's hot and what's not: Tracking most frequent items dynamically", *Proceedings of the 22th ACM SIGMOD-SIGACT-SIGART symposium on Principles of database systems*, San Diego, California — June 09–11, 2003, pp. 296–306, ACM New York, NY.

[Co05] Cormode, G., Muthukrishnan, S. (2005) "An Improved Data Stream Summary: The Count–Min Sketch and its Applications", *Journal of Algorithms*, Vol. 55 (1), pp. 58–75.

[Co08] Cormode, G., Hadjieleftheriou, M. (2008) "Finding frequent items in data streams", *Proceedings of the VLDB Endowment*, Vol. 1 (2), pp. 1530–1541.

[De02] Erik, D., Demaine, E.D., López-Ortiz, A., Munro, J.I. (2002) "Frequency Estimation of Internet Packet Streams with Limited Space", In: R. Möhring and R. Raman (Eds.) – ESA 2002. *Lecture Notes in Computer Science*, Vol. 2461, pp. 348–360, Springer, Heidelberg.

[Fi82] Fischer, M.J., Salzberg, S.L. (1982) "Finding a Majority Among N Votes: Solution to Problem 81-5", *Journal of Algorithms*, Vol. 3, pp. 376–379.

[Mi82] Misra, J., Gries, D. (1982) "Finding repeated elements", *Science of Computer Programming*, Vol. 2 (2), pp. 143–152.

[Mu05] Muthukrishnan, S. (2005) "Data Streams: Algorithms and Applications", *Foundations and Trends in Theoretical Computer Science*, Vol. 1 (2), pp. 117–236.

第 5 章

排　　序

大量的非结构化数据很容易超出人们的理解能力，也使得通过计算统计学指标来进行数据汇总成为处理数据最必要的任务之一。在本章中，我们调研了与数据排序特征相关的算法和数据结构，这类算法和数据结构使用少量的存储空间，并且仅对数据进行单次处理。

最常用的排序特征是分位数。形式化地，对于序列中的一个元素，如果序列中小于等于该元素的元素比例为 q，大于等于该元素的元素比例为 $1-q$，则该元素称为序列的 q-分位数（$0 \leqslant q \leqslant 1$）。同时，如果序列中包含 n 个元素，我们说 q-分位数对应的元素的排序为 $q \cdot n$。百分位数是指对排好序的序列进行 100 等分后的分位数。因此，第 95 个百分位数和 0.95-分位数是相同的。0-分位数和 1-分位数分别代表序列中最小和最大的元素。0.5-分位数指的是中位数。

> 正如 Ian Munro 和 Michael Paterson 所证明的⊖，通过处理 p 次数据来精确地找到某个特定的分位数需要 $O\left(n^{\frac{1}{p}}\right)$ 的存储空间。这意味着任何单次处理数据的算法并不能保证在子线性空间内精确地找到某个分位数的值，这促进了之后对估计分位数算法的研究。

实际上，在计算分位数时产生误差是可以容忍的，这通常都是为了估计包含噪声或者未知分布的数据所造成的。因此，在很多情况下，我们对 ε-近似的 q-分位数更感兴趣，其定义为排序处于 $[(q-\varepsilon) \cdot n, (q+\varepsilon) \cdot n]$ 区间的元素。其中，n 为元素个数，$0 < \varepsilon < 1$ 为误差参数。特别需要注意的是，会有不止 1 个元素满足这样的定义。

估计像分位数这样的多个排序特征在流式异常检测方法中起着十分重

要的作用。例如，如果我们通过监控在线电商交易记录来检测信用卡诈骗事件，我们会对异常的支付地址更感兴趣，这些地址通常位于顾客交易地址分布的 99 -百分位数之外。

例 5.1   诈骗检测（Perlich 等，2007）

经济诈骗是金融行业所面临的最严重的问题之一。例如，在 2015 年，全球信用卡和借记卡诈骗所导致的损失可达到 218.4 亿美元[⊖]。

很多应用已经被构建来查询及识别经济诈骗信号。这些应用频繁使用大量特定变量，每次检查都会测试这些变量的"异常程度"。例如，类似于单张信用卡的总消费额以及每天的总消费额等变量。

每次检查时，异常程度可以通过估计一些消费分布的分位数近似得到。因此，通过与一些高分位数比较，例如 0.95 -分位数，所观察到的可疑的诈骗事件可以被识别为异常。

排序总结的另一个较大的应用领域是网站流量监控。对所汇总的数据进行调研意味着不需要检查原始数据就可以提前检测到问题。

例 5.2   网站监控（Buragohain 和 Suri，2009）

大型网站每天都要处理数百万用户。例如，在 2017 年 9 月，Wikipedia 每天都要处理各种语言的大约 5 亿次点击[⊖]，这大约在全球范围内使用了超过 300 台服务器来处理每秒 5700 次请求。

网站性能最重要的问题之一就是延迟，它指的是内容从创建到传送到访客的延时。因为延迟数值的分布是很典型的偏态分布，检测通常通过追踪一些特定的高分位数或者百分数来建立。最普遍的问题是：

- 单个网站服务器 95% 请求的延迟是多少？
- 整个网站 99% 请求的延迟是多少？
- 最近 15 分钟内，整个网站 95% 请求的延迟是多少？

所有这些问题都可以通过分位数的计算来回答。在技术上，它们的区别可能是需要使用不同的方法。例如，对于第一个问题，可以通过计算单

⊖ Credit Card & Debit Card Fraud Statistics，https：//wallethub. com/edu/statistics/25725/

⊖ Wikipedia Page Views，https：//stats. wikimedia. org/EN/TablesPageViewsMonthlyCombined. html

个数据流的汇总得到，第二个问题需要分布式算法来计算很多数据流的统计指标。相比较而言，第三个问题只需要处理定义在一个时间窗口内的数据流子集，这样的子集是会经常变化的。

从排序过的 n 个元素序列中寻找 q –分位数［换句话说，排序为 $q \cdot n$ 的元素，其中 $q \in (0, 1)$］的任务也被称作为分位数查询。中位数查询是特殊情况的分位数查询，即 $q = 0.5$。

分位数计算问题并不是一个新问题，并已经在经典的计算任务中得到了很好的应用。然而，它在处理无限的数据流时面临着新的挑战，这对于大数据应用是很普遍的。当只能获得有限的存储空间时，只对数据进行单次处理是可能的。Count-Min Sketch 算法（之前第 4 章中介绍过）允许计算中位数的近似值，但是相比于本章要讨论的算法需要更多的存储空间。

作为替代方案，我们可以在一个 n 个元素的排序序列中搜索给定元素的排序，这个问题也被称为反向分位数查找。基于 rank(x) 和元素的总数 n，很容易计算得到相应的分位数 q：

$$q = \frac{1}{n} \cdot \text{rank}(x)$$

对于大多数的应用，从 n 个元素的排序序列中查找给定区间 $[a, b]$ 内的元素个数也是很重要的，通常被称为区间查找。实际上，要计算这样的数值，计算区间边界的排序并返回它们的差值就足够了。

在本章中，我们将从一个随机采样算法开始，然后介绍一个简单的基于树结构的 q –摘要算法，最后研究现代的 t –摘要算法，该算法使用聚类算法来对无限数据流中的排序指标进行了有效的估计。

5.1 随机采样

随机采样技术，即从数据中无放回地选取一个随机的子集，在计算机科学的很多算法中都有广泛的使用。对于排序问题，该技术可用于报告采样子集的分位数，作为整个数据流分位数的近似值。

采样方法的明显优势是得到的采样子集很小。实际上，排序分位数查询通常可以使用经典的决定性算法回答。然而，为了给这样估计算法的误差提供先验的保障，随机采样必须以一种特别的方式进行，甚至可以依赖于数据。

传统的采样算法可能出现的另一个问题是很多采样算法需要有关数据集的大小的先验知识，这对于很多大数据应用所使用的连续的数据流来说是有问题的。可能的解决方法之一是简单的水池采样技术，于 1985 年由 Jeffrey Vitter 提出。这一技术允许在没有先验知识的情况下得到采样子集，但是如果我们想要直接把它用在分位数问题上，所需要的存储空间将会非常大。

随机采样技术，通常简称为 MRL，于 1999 年由 Gurmeet Singh Manku、Sridhar RajagoPalan 和 Bruce Lindsay 提出[Ma99]，解决了精确采样和分位数估计的问题。该技术由一个非均匀采样技术和决定性的分位数查询算法构成。

为了支持在较小的内存空间需求下的数据流处理，Manku 等提出了一种基于水池采样的非均匀采样优化算法。在该算法中，序列中出现较早的元素有比其他元素更大的概率被保留。这样一种优化算法有更高效的存储空间以及比原始的水池采样算法更高的准确度。

MRL 算法主要的缺点是它的配置参数需要通过求解一个复杂的优化问题来得到，且需要复杂的求解流程。在本节中，我们调研了一种更简单版本的 MRL 算法，该算法于 2013 年由 Ge Luo、Lu Wang、Ke Yi 和 Graham Cormode 提出[Wa13][Lu16]，在原文中被称为随机算法。

随机算法以大小可变的数据块形式处理数据流中的数据，对这些数据块进行采样并在最后产生非均匀采样的结果。

为了存储采样到的元素，算法使用了一个名为 SampleBuffers 的数据结构，该数据结构由 b 个名为缓冲区的简单数据单元组成，$B_1, B_2, \cdots, B_b$。每个缓冲区存储最多 k 个元素，并且可以与填充它的某些级别 L 结合起来。

级别参数 L 反映了每个元素被保留的概率，取决于目前为止被处理的元素个数 n 以及树结构允许的最大高度 h，它代表了算法所进行的操作序列：

$$L = L(n, h) = \max\left(0, \left\lceil \log_2 \frac{n}{k \cdot 2^{h-1}} \right\rceil\right) \qquad (5-1)$$

其中，$L(0, h) = 0$。

要想填充级别 L 中的一个空缓冲区 B_i^L，$i \in 0, \cdots, b$，我们从连续输入的 $k \cdot 2^L$ 元素中随机选择 k 个元素，每个元素为长为 2^L 的块，并且存储在 B_i^L 中。在流程的最后，由于输入序列中没有足够多的元素，缓冲区可能会包含少于 k 个元素。但如果有至少一个元素在缓冲区中，缓冲区就被标记为填满。

每个特定元素从到达的数据流中被选取以及直接被存储在缓冲区中的概率取决于级别 L，因此该参数控制了要保留元素的块的大小 2^L。这是算法在实际使用中所采用的非随机采样方式。

算法 5.1：填充空缓冲区

输入：数据流 $\mathbb{D}$

输入：在级别 L 中大小为 k 的空缓冲区 B^L

输出：填充后的缓冲区 B^L 以及标签

```
for i ← 0 to k - 1 do
    S ← next(2^L, D) // read next 2^L elements from D
    if S = ∅ then
     └ break
    x ← sample({s ∈ S}) // randomly choose one element from S
    B^L ← B^L ∪ {x}
label ← empty
if count(B^L) > 0 then
 └ label ← full
return B^L, label
```

同一级别 L 的两个缓冲区可以通过折叠、合并来回收缓冲区空间，并在级别 $L+1$ 中生成同等大小的新缓冲区。要想折叠两个缓冲区，我们需要对两个缓冲区中的所有元素序列进行排序，并且随机选取一半的元素，例如可以选择奇数位置或者偶数位置的所有元素。折叠的缓冲区被标记为空，输出的缓冲区被标记为填满。

算法 5.2：折叠两个非空的缓冲区

输入：级别 L 中大小为 k 的两个非空缓冲区 B_i^L, B_j^L

输出：级别 L 中折叠后的缓冲区 B^{L+1} 以及标签

$S \leftarrow \mathrm{sort}(B_i^L \cup B_j^L)$
$\mathbf{free}(B_i^L)$
$\mathbf{free}(B_j^L)$
$B^{L+1} \leftarrow \mathbf{sample}(S, k)$ // randomly choose k elements from joined buffers
$\mathbf{return}\ B^{L+1}, \mathrm{full}$

折叠操作需要 $O(k \cdot \log k)$ 的时间对缓冲区中的元素进行排序，同时子序列缓冲区的填充需要 $O(k)$ 的时间来完成。

最后，构建 SampleBuffer 数据结构的流程由一系列缓冲区填充步骤以及折叠操作组成。

我们从每个缓冲区被标记为空开始。对输入数据流的处理从利用式(5-1)设置级别 L 开始，该式子在开始的时候等于 0，因为此时还没有要处理的元素。如果存在一个空的缓冲区 B，我们基于算法 5.1 从数据流中读取 $k \cdot 2^L$ 个元素将缓冲区填满。当所有缓冲区被填满的时候，我们会发现最低级别包含至少 2 个缓冲区，并从中随机选取两个进行折叠。

整个数据流中的所有折叠操作数量为 $O\left(\dfrac{n}{k}\right)$，其中每次更新大约需要 $O(1)$ 次操作。每次更新需要 $O(\log k)$ 次排序操作。因此，平均的操作时间为 $O(\log k)$。

例 5.3   构建 SampleBuffer

设想一个包含 25 个整数的数据集

$$\{0,0,3,4,1,6,0,5,2,0,3,3,2,3,0,2,5,0,3,1,0,3,1,6,1\}$$

为了阐述处理数据流的流程，我们设置高度为 $h=3$，并且维护 $b=4$ 个缓冲区：B_1, B_2, B_3, B_4，每个缓冲区包含 $k=4$ 个元素。因此，通过简化式(5-1)，活跃的级别数可以被计算为：

$$L = L(n) = \max(0, \lceil \log_2 n - 4 \rceil)$$

在开始时，处理过的元素个数为 $n=0$。因此，我们从 $L=0$ 开始，从输入数据流 $\{0,0,3,4\}$ 中读取前 $N_1 = 4$ 个元素填入一个空的缓冲区中，

用 B_1 表示。因为缓冲区的容积也是 4，我们不需要再随机选取其他的元素，所有的输入元素都被存储。

	B_1^0				B_2				B_3				B_4		
0	0	3	4												

然后，我们需要再次定义活跃级别。处理过的元素个数为 $n=N_1=4$，活跃级别仍保持为 0：$L=L(4)=\max(0,2-4)=0$。我们读取接下来的 $N_2=4$ 个元素 $\{1,6,0,5\}$，以同样的方式将它们填入缓冲区 B_2 中。

	B_1^0				B_2^0				B_3				B_4		
0	0	3	4	1	6	0	5								

因此，我们已经处理过了 $n=N_1+N_2=8$ 个元素，目前所在级别为 $L=L(8)=\max(0,3-4)=0$。我们将接下来的 $N_3=4$ 个元素 $\{2,0,3,3\}$ 填入缓冲区 B_3。

	B_1^0				B_2^0				B_3^0				B_4		
0	0	3	4	1	6	0	5	2	0	3	3				

同样地，在处理过 $n=N_1+N_2+N_3=12$ 个元素后，活跃级别仍然为 0，我们再读取接下来的 $N_4=4$ 个元素 $\{2,3,0,2\}$，并填入剩下来的唯一一个空缓冲区 B_4。

	B_1^0				B_2^0				B_3^0				B_4^0		
0	0	3	4	1	6	0	5	2	0	3	3	2	3	0	2

这样，我们就没有剩余的空缓冲区了，因此需要执行折叠操作。有至少两个缓冲区的最低级别是级别 0，我们从中随机选取两个缓冲区，例如，B_2^0 和 B_3^0。首先，我们合并这两个缓冲区中的所有元素并进行排序：

$$\{1,6,0,5\}\bigcup\{2,0,3,3\}=\{1,6,0,5,2,0,3,3\}\rightarrow\{0,0,1,2,3,3,5,6\}$$

接下来，我们释放掉缓冲区 B_2^0 和 B_3^0，并将它们之前元素的 50% 填入级别 1 的缓冲区 B_3 中。简单地，我们选取奇数位置的元素。

B_1^0				B_2			B_3^1				B_4^0			
0	0	3	4				0	1	3	5	2	3	0	2

因此，我们已经处理了 $n=N_1+N_2+N_3+N_4=16$ 个元素，但是活跃级别仍然为 0，然后我们从数据流中将接下来的 $N_5=4$ 个元素 $\{5,0,3,1\}$ 填入缓冲区 B_2 中。

B_1^0				B_2^0				B_3^1				B_4^0			
0	0	3	4	5	0	3	1	0	1	3	5	2	3	0	2

一旦再次没有空的缓冲区，我们需要再次进行折叠操作。

级别 0 中包含了三个填满的缓冲区，我们随机选取它们中的两个，例如，B_1^0 和 B_4^0，然后合并并对元素进行排序。

$$\{0,0,3,4\}\bigcup\{2,3,0,2\}=\{0,0,3,4,2,3,0,2\}\rightarrow\{0,0,0,2,2,3,3,4\}$$

我们将 B_1^0 和 B_4^0 的标签设置为空，然后选取它们偶数位置的元素（占据所有元素的 50%）填入到级别 1 的缓冲区 B_4 中。

B_1				B_2^0				B_3^1				B_4^1			
				5	0	3	1	0	1	3	5	0	2	3	4

接下来，我们已经处理了 $n=N_1+N_2+N_3+N_4+N_5=20$ 个元素，因此活跃级别为 $L=L(20)=4.32-4=1$。我们从数据流中读取接下来的 $N_6=4\cdot 2^1=8$ 个元素。在这种情况下，数据流中并没有剩下足够的元素，我们读取 $\{0,3,1,6,1\}$，并从每组的两个元素中采样一个元素填入 B_1 中。

B_1^1			B_2^0				B_3^1				B_4^1			
3	1	1	5	0	3	1	0	1	3	5	0	2	3	4

最后，我们就构建好了数据结构 SampleBuffer。

基于 SampleBuffer，回答反向分位数查询问题就变得可能，一个给定元素 x 的排序可以通过估计每个非空缓冲区中比 x 小的元素数量，并计算级别数的加权和得到：

$$\text{rank}(x) = \sum_{i=1}^{k} 2^{L(B_i)} \cdot |\ \{e < x \mid e \in B_i^{L(B_i)}\}\ | \qquad (5\text{-}2)$$

例 5.4 基于随机采样的反向分位数查询

参考例 5.3 中的数据流，并执行反向分位数查询来估计元素 4 的排序。

数据结构 SampleBuffer 为如下形式。

B_1^1			B_2^0				B_3^1				B_4^1			
3	1	1	5	0	3	1	0	1	3	5	0	2	3	4

我们使用式(5-2) 计算排序为

$$\text{rank}(4) = 2^1 \cdot 3 + 2^0 \cdot 3 + 2^1 \cdot 3 + 2^1 \cdot 3 = 21$$

因此，元素 4 的估计排序为 rank(4)＝21。

为了回答分位数查询问题并从 SampleBuffer 数据结构中查找 q-分位数，我们只需要查询一个由式(5-2) 估计得到的排序接近于 $q \cdot n$ 的元素。实际上，我们需要对数据结构中的每个元素执行很多反向分位数查询，但是我们可以使用二分法查询加速查询过程，在找到一个足够接近的元素时停止。

例 5.5 基于随机采样的分位数查询

参考例 5.3 中的数据流，计算 0.65-分位数。

数据结构 SampleBuffer 中的所有元素个数为 $n＝25$，所以我们的边界值为 $q \cdot n＝0.65 \cdot 25＝16.25$。

B_1^1			B_2^0				B_3^1				B_4^1			
3	1	1	5	0	3	1	0	1	3	5	0	2	3	4

SampleBuffer 中包含了元素 {0,1,2,3,4,5}。我们从元素 0 开始估计它的排序，并根据式(5-2) 得到它的排序为 0：rank(0)＝0。接下来，我们检查元素 1 并得到它排序的估计值为 rank(1)＝5。元素 2 的排序为 rank(2)＝12，而元素 3 的排序为 rank(3)＝14。从例 5.4 中，我们已经求

得元素 4 的排序为 rank(4)＝21。最后，元素 5 的排序为 rank(5)＝23。

因此，与边界值 16.25 最近的元素为元素 3，其排序值为 rank(3)＝14。我们将元素 3 报告为 0.65 -分位数的估计值。

特别需要注意的是，考虑到排序是其参数的单调函数，我们可以在排序好的元素序列中利用二分法查询加速查询过程。

（1）性质

为了计算 q -分位数的 ε -近似，随机算法需要正比于 $b \cdot k$ 的固定内存空间，并且该存储空间的大小取决于 ε。基于给定的近似误差，我们可以得到高度为 $h=\log_2 \dfrac{1}{\varepsilon}$ 的树结构，且最优的缓冲区数量为

$$b=\log_2 \frac{1}{\varepsilon}+1$$

而每个缓冲区的大小为：

$$k=\frac{1}{\varepsilon}\sqrt{\log_2 \frac{1}{\varepsilon}}$$

随机算法是一种概率算法，它源于随机采样及随机合并步骤。该算法可以准确汇报以固定误差概率 $\varepsilon/2$ 为边界的分位数的近似值。

5.2 q -摘要

分位数摘要，或者 q -摘要，是一种基于树结构的数据流汇总算法，由 Nisheeth Shrivastava、Chiranjeeb Buragohain、Divyakant Agrawal 和 Subhash Suri 于 2004 年提出[Sh04]，用来对传感器中的分布式数据进行监控。

当数据是由很多桶进行汇总的时候，q -摘要将分位数计算问题看作直方图问题进行解决。算法用类似于树结构的 Q-DIGEST 数据结构维护了一系列的桶，用来合并小的桶以及分割大的桶。这是一种有损的确定性算法，然而，我们认为该算法对于我们的叙述来说是有用且重要的。

该算法适用于已知范围内的整数。对整数范围 [0，$N-1$] 的二分分割可以用一个虚拟化的被填满的二叉树结构表示。该树结构的根节点指的

是整个范围 $[0, N-1]$，左子节点和右子节点代表了范围 $\left[0, \left\lfloor \dfrac{N-1}{2} \right\rfloor\right]$ 和

范围 $\left[\left\lfloor \dfrac{N-1}{2} \right\rfloor + 1, N-1\right]$。以此迭代下去，叶子节点可以代表单个整型数

值。树结构的深度为 $\log N$。

在这种形式的二叉树结构中，每个节点 v 是一个桶以及所关联的数据范围 $[v_{\min}, v_{\max}]$。此外，我们为每个桶关联了一个计数器 v_{count}，用来表示所索引的元素个数（包含重复元素）。

例 5.6 q-摘要的二分分割

参考例 5.3 中我们所研究的数据集，在范围 $[0,7]$ 内的 $n=20$ 个整数。

$$\{0,0,3,4,1,6,0,5,2,0,3,3,2,3,0,2,5,0,3,1\}$$

基于二分分割法对数据范围进行分割，我们可得到如下的二叉树，并将相应的数据放置在桶中：

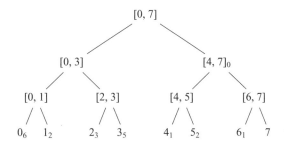

从左到右的叶子节点代表了 $[0, N-1]$ 内的所有元素，并且索引值标识了数据集中元素的频数。

因此，数据的内部表示包含了所存储的元素的频数。最差的情况下，存储空间的限制意味着我们只能以 $O(n)$ 或者 $O(N)$ 的复杂度来存储数据，无论哪种复杂度都是很小的。特别需要注意的是，实际上，这样的二叉树结构很可能是很稀疏和不平衡的，因此不压缩就对原始数据进行存储是非常低效的。

q-摘要算法提出了一种压缩和抽象地存储这样的二叉分割树的方法。它的数据结构 Q-DIGEST 对元素分布信息进行了编码，并且使用了一种二叉树结构（仅包含满足如下性质的桶 v）：

$$\begin{cases} v_{\text{count}} \leqslant \left\lfloor \dfrac{n}{\sigma} \right\rfloor & \text{叶子桶除外} \\[2ex] v_{\text{count}} + v_{\text{count}}^{p} + v_{\text{count}}^{s} > \left\lfloor \dfrac{n}{\sigma} \right\rfloor & \text{根桶除外} \end{cases} \qquad (5\text{-}3)$$

其中，v^p 是父节点，v^s 是 v 的兄弟节点，n 是元素的总数，$\sigma \in [1, n]$ 是一个设计参数，用来决定压缩的级别数。

这种性质的特例就是根桶和叶子桶。根桶会违反式（5-3）中的摘要性质，但仍然会被包含在 Q-DIGEST 数据结构中。同时，计数值大于边界值 $\left\lfloor \dfrac{n}{\sigma} \right\rfloor$（频繁元素）的叶子桶也会被包含在内。

实际上，摘要性质在包含很多顶级的大桶以及很多包含非频繁元素信息的小桶之间定义了一种折中方式。

简单来说，摘要性质（5-3）的第一个约束排除了一些桶，除非这些数据是包含频繁元素的叶子节点。因为对于这些桶来说，存储子元素并且附加更准确的计数器是值得的。

另一方面，根据第二个约束，如果两个相邻的兄弟桶有很小的计数，我们会避免分别指定单独的计数器给每个桶，更好的方式是将它们合并到父节点，实现所需程度的压缩。

因此，Q-DIGEST 的构建需要分级别合并来减少桶数量，按照从下往上的方式遍历所有的桶，并且检查它们中是否有桶违反了摘要性质。实际上，我们只需要从下往上检查第二个约束即可。

除了根桶之外，对于每个违反摘要性质的桶 v，我们都通过压缩该桶、父桶 v^p 以及兄弟桶 v^s 中计数器的方式进行子树结构的合并，并将合并的结构存储在父桶中：

$$v_{\text{count}}^{p} = v_{\text{count}}^{p} + v_{\text{count}} + v_{\text{count}}^{s}$$

而将桶 v 和兄弟桶 v^s 从 Q-DIGEST 数据结构中移除。

算法 5.3：压缩 q-摘要

输入：取值范围为 $[0, N-1]$ 的 q-摘要数据结构

输入：压缩率 σ

输出：压缩后的 q-摘要数据结构

$level \leftarrow \log N - 1$
while $level > 0$ **do**
    for $\nu \in$ Q-DIGEST$[level]$ **do**
        if $\nu_{count} + \nu^p_{count} + \nu^s_{count} \leqslant \lfloor \frac{n}{\sigma} \rfloor$ **then**
            $\nu^p_{count} \leftarrow \nu^p_{count} + \nu_{count} + \nu^s_{count}$
            Q-DIGEST $\leftarrow$ Q-DIGEST $\setminus \{\nu, \nu^s\}$
    $level \leftarrow level - 1$
return Q-DIGEST

压缩过程需要消耗 $O(m \cdot \log N)$ 的时间，其中，$m = |$Q-DIGEST$|$ 为数据结构中桶的数量。因此，每个元素在理论上的更新操作需要消耗大约 $O(\log N)$ 的时间。然而，实际上更新操作会消耗更多的时间，因为每个元素先被插入到叶子节点，然后在压缩操作过程中，算法需要通过一次向上移动一步来找到它在 Q-DIGEST 数据结构中的合适的位置。

例 5.7 使用 q-摘要压缩树结构

参考例 5.6 中的包含 $n = 20$ 个元素的数据集，其中未被观察到的桶的频数默认设置为 0。

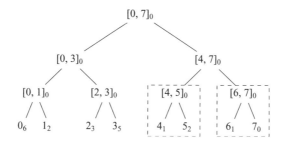

我们假设想要实现压缩参数为 $\sigma = 5$，那么边界值为

$$\left\lfloor \frac{n}{\sigma} \right\rfloor = \left\lfloor \frac{20}{5} \right\rfloor = 4$$

按照从下往上的顺序，首先考虑第四级别，只有从 0 到 3 的桶满足摘要性质（5-3）中的第二个条件。根据算法 5.3，桶 $[4,5]$ 和 $[6,7]$ 的子节点违反了摘要性质，必须被合并到它们的父节点中，并从 Q-DIGEST 数据结构中去除。

因此，这一阶段的 Q-DIGEST 数据结构为（虚线框中的桶被包含在压缩过的数据结构中）：

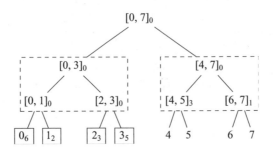

进一步，在第三级别，所有的桶都违反了（5-3）的约束。因此，我们也需要把它们压缩到父节点，并且不再包含在 Q-DIGEST 数据结构中：

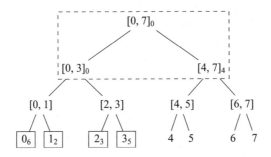

在第二级别，我们对根节点的两个子节点检查它们的摘要性质，同样违反了（5-3）的约束，因为它们全部的计数值没有超过边界值。因此，它们必须被合并到父节点。

对于根节点元素来说，并没有必要检查它的摘要性质。因为正如我们前面所讲述的，根节点元素如果有相关的非 0 计数值，总是会被包含在 Q-DIGEST数据结构中。

因此，压缩过后的 Q-DIGEST 数据结构的最后版本如下所示：

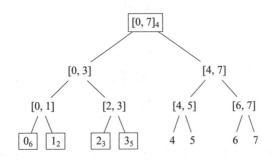

正如我们在上例中所看到的，压缩过的 Q-DIGEST 数据结构只需要存储包含非 0 计数值的五个桶。

因为我们总是按照自底向上（而且从不自顶向下）的顺序检查摘要性质，并且只在该过程中进行一次合并桶的决策，并没有必要要求所有压缩过后的 Q-DIGEST 结构中的桶在压缩之后都满足摘要性质。例如，树结构顶级别的很多桶的改变（例如：合并到父节点中）会使得已经包含在该结构中的桶违反摘要性质（5-3）中的约束。然而，实际上这种行为并不会降低算法的准确度。在最坏的情况下，这种行为不会提供一种最优的数据结构，而是会消耗比理论上所期望的更多的存储空间。

综上所述，我们可以将任意数据集上的 q-摘要算法描述如下。

算法 5.4：q-摘要算法
输入：数据集 $\mathbb{D}$，包含取值范围为 $[0, N-1]$ 的元素
输入：压缩率 σ
输出：压缩后的 q-摘要数据结构
Q-DIGEST $\leftarrow$ **BinaryPartitionTree**$(\mathbb{D}, [0, N-1])$
return **Compress**(Q-DIGEST, N, σ)

为了优化 Q-DIGEST 数据结构的表示，相关的二叉树中的桶可以按照从左到右、自顶向下的顺序枚举。

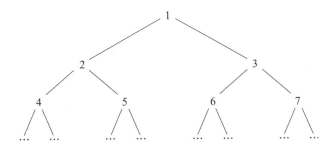

当所有桶 v 被枚举之后，我们很容易能恢复对应的取值范围 $[v_{\min}, v_{\max}]$，即使我们仅知道它的索引 i。

算法 5.5：恢复桶的取值范围 $[v_{\min}, v_{\max}]$

输入：桶索引 i

输出：桶取值范围

$level \leftarrow \lfloor \log(i) \rfloor$

$n \leftarrow 2^{level-1}$ // number of buckets on the level

$m \leftarrow i \bmod n$ // position of the bucket on the level

$\mathbf{return}\ \left\lceil \frac{N}{n} \cdot m \right\rceil, \left\lfloor \frac{N}{n} \cdot (m+1) \right\rfloor$

这样，我们可以构建一个 Q-DIGEST 数据结构的线性化表示——一个桶数组，其中每个桶是一个数值和它关联的计数值的二元组。例如，例 5.7 得到的压缩后的 Q-DIGEST 有如下的线性化表示：$\langle\ (1,4),(8,6),(9,2),(10,3),(11,5)\rangle$。

两个具有相同压缩率 σ 和元素取值范围的 q-摘要可以很容易被合并，并允许以分布式的形式进行大数据流处理。其思路就是将它们存储的桶集合取并集，并将取值范围相同的桶的计数值相加，将所有元素数量进行求和，之后再执行压缩算法。

q-摘要算法可以用来回答分位数查询问题以及用来从 Q-DIGEST 数据结构中查找 q-分位数。首先，我们通过对所有桶的 $v_{\max}$ 值进行升序排列得到一个排好序的序列 S，并取消与较小值的联系。之后，我们可以从头扫描序列 S，并且将桶的计数值依据观察的顺序进行相加。对某个桶 v^* 来说，一旦这个求和值（也是桶排序的估计值）大于 $q \cdot n$，该桶的 $v_{\max}^*$ 就被报告为 q-分位数的估计值。

算法 5.6：使用 q-摘要回答分位数查询问题

输入：q-摘要数据结构

输入：值 $q \in [0, 1]$

输出：q-分位数

$S \leftarrow \mathrm{sort}(\text{Q-DIGEST})$

$rank \leftarrow 0$

$\mathbf{for}\ (v, count) \in S\ \mathbf{do}$

　$rank \leftarrow rank + count$

　$\mathbf{if}\ rank \geq q \cdot n\ \mathbf{then}$

　　$\mathbf{return}\ v_{\max}$

至少有 $q \cdot n$ 个桶的最大值要比 $v_{\max}^*$ 小，因此桶 v^* 的排序至少为 $q \cdot n$。

> 当桶 v^* 之前存储的某个值比 $v_{\max}^*$ 小时，计算 q-分位数的 ε-近似是很可能产生误差的。因为在这种情况下，它们将不会被算法 5.6 所计数。从理论分析角度，这样的误差是可以限制在 $\varepsilon \cdot n$ 范围内的，并且算法会报告一个取值范围是 $[q \cdot n, (q+\varepsilon) \cdot n]$ 的排序值。因此，算法从来不会低估 q-分位数的准确值。

例 5.8　使用 q-摘要进行分位数查询

我们在例 5.7 所构建的 Q-DIGEST 数据结构上进行分位数查询来计算 0.65-分位数，其线性化表示有如下形式：

$$\langle (1,4),(8,6),(9,2),(10,3),(11,5) \rangle$$

因此，排好序的桶序列为：

$$S = \langle (8,6),(9,2),(10,3),(11,5),(1,4) \rangle$$

根据算法所述，在开始时，我们对桶的计数值进行求和，直到其总和比 $0.65 \cdot n = 13$ 要大。在目前的 Q-DIGEST 数据结构中，我们在桶 (11, 5) 上超过了边界值，其对应于叶子元素 3。

因此，对于例 5.7 中的数据集来说，0.65-分位数（或者第 65 个百分位数）的 q-摘要估计值是元素 3。

可以用同样的方式来解决反向分位数查询问题。我们构建一个桶中排好序的序列 S，并在从头遍历的过程中从可见桶中得到计数值的和值。给定元素 x 的排序值可以用满足 $x > v_{\max}$ 的桶 v 的计数值的求和值进行估计。

算法 5.7：使用 q-摘要回答反向分位数查询问题

输入：元素 x

输入：q-摘要数据结构

输出：元素排序

```
S ← sort(Q-DIGEST)
rank ← 0
for (ν, count) ∈ S do
    if x > ν_max then
        rank ← rank + count
return rank
```

正如在分位数查询所述，所得到的排序值会落在区间 $[\text{rank}(x), \text{rank}(x)+\varepsilon \cdot n]$ 中。

正如我们已经提到的，为了回答范围查询问题，进行两个反向分位数查询来得到排序值以及范围边界 a 和 b 的差值就足够了。在 q–摘要中进行范围查询的最大误差可以被估计为 $2\varepsilon \cdot n$。

算法 5.8：使用 q–摘要回答范围查询问题

输入：范围 $[a, b]$

输入：q–摘要数据结构

输出：范围内的元素个数

r_a ← **InverseQuantileQuery**$(a, \text{Q-DIGEST})$

r_b ← **InverseQuantileQuery**$(b, \text{Q-DIGEST})$

return $r_b - r_a$

（1）性质

q–摘要算法是有损算法，它压缩了低频元素的信息并谨慎地保留了高频元素的信息。因此，当不同元素的频数变化很大时，它提供了一种很好的估计方法。q–摘要算法可以提供元素取值的分布信息，但并不是元素所出现位置的信息。

算法在准确度和需要存储 Q-DIGEST 数据结构的存储空间之间做了权衡，这由压缩率 σ 来控制。因此，对于给定的范围 $[0, N]$，我们可以期望有最多 $3 \cdot \sigma$ 个桶，且在 ε–近似的 q–分位数计算中的误差是有上界的：

$$\varepsilon \leqslant \frac{\log N}{\sigma}$$

q–摘要算法的核心性质是它对数据集是自适应的，并且可以构建相同权重的桶。与传统数据直方图相比，q–摘要允许桶之间重合，这使得它可以用来解答共识查询问题（例如：频繁值）。

q-摘要算法在实际应用中的主要问题是它只能处理整数元素，这需要它们的取值是提前已知的，并且在极端分位数计算时会产生极大误差。

5.3 t-摘要

对于基于排序统计指标的准确在线累计方法，一种现代的可替换方法叫作 t-摘要，由 Ted Dunning 和 Otmar Ertl 于 2014 年提出[Du14]。t-摘要算法允许在无限数据流中估计分位数，聚焦在如 0.99-分位数等极限值。这是一项正在进行的研究，算法基于它的实际应用周期性地进行了完善更新[Du18]。

t-摘要以大小可变的簇 $\{C_i\}_{i=1}^m$ 对输入数据流 $\mathbb{D}$ 进行了总结，其在处理大量数据时允许得到分位数计算的高准确度。每个这样的簇 C_i 代表了一个输入元素的子集，并且对数据大小进行控制来保证数据不太大以可以通过插值来估计分位数，同时保证数据不太小来防止在最后产生太多簇。

每个簇 C_i 基于簇中心的数据点 c_i 以及簇中所包含的元素个数 c_i^{count} 进行定义。其中，c_i 是对簇产生贡献的输入元素的均值。T-DIGEST 数据结构是一个有这样权重的中心点数组 $\{(c_1, c_1^{count}), (c_2, c_2^{count}), \cdots, (c_m, c_m^{count})\}$，并以升序的方式进行排序。从这样排序好的序列中，我们可以估计与每个中心点 c_i 相关的最大分位数的值：

$$q(c_i) = \frac{1}{n}\sum_{j<i} c_j^{count} + \frac{1}{n} c_i^{count} \tag{5-4}$$

其中，$n = \sum_{j=1}^{m} c_j^{count}$ 是数据结构中所有索引元素的总数。

因此，根据式(5-4)，T-DIGEST 数据结构中的每个簇 C_i 负责一定范围内的分位数值 $[q(c_i-1), q(c_i)]$，其长度取决于簇大小以及该簇中产生贡献的元素个数。正确的簇大小对准确度有一个直接的影响，且在 t-摘要算法中由一个非递减的尺度函数提供。这样一个函数 $k=k(q, \sigma)$ 将所希望的压缩率 σ 考虑在内，并且根据分位数值 q 与极值 $q=0$ 和 $q=1$ 之间的距离对它进行调整。好的尺度函数的选择十分重要，并且有很多根据准确性

进行权衡的函数可作为替换[Du18a]。例如，一个普遍使用的函数是

$$k(q,\sigma) = \frac{\sigma}{2\pi}\arcsin(2q-1) \tag{5-5}$$

其中，压缩参数 $\sigma > 1$（更大的值会产生更小的压缩效果）。

鉴于所选择的尺度函数 $k(q,\sigma)$，对于每个与 T-DIGEST 数据结构中的中心点 c_i 所关联的簇 C_i，我们可以定义 k-size，使用 $K(c_i)$ 来表示，代表了簇的分位数范围的调整以后的长度：

$$K(c_i) := k(q(c_i),\sigma) - k(q(c_{i-1}),\sigma), i=2,\cdots,m \tag{5-6}$$

其中，$K(c_1) := k(q(c_1),\sigma)$。

为了用一种与簇相关的分位数值来限制簇中的元素个数，我们可以限制它的 k-size。同时，当我们使用非线性的尺度函数时，会产生不均匀的簇，中间范围内的分位数有更大的簇，接近极限范围内的分位数有更小的簇（达到仅仅包含一个元素的簇）。此外，t-摘要算法被设计用来构建完全可合并的 T-DIGEST 数据结构，意味着所有的簇 $\{C_j\}_{j=1}^{m}$ 满足摘要性质：

$$\begin{cases} K(c_i) \leqslant 1 & \text{单个簇除外} \\ K(c_i) + K(c_{i+1}) > 1 \end{cases} \tag{5-7}$$

该性质不仅限制了每个簇的 k-size，而且也能保证任意两个相邻的簇不能被进一步合并。

实际上，为了满足摘要性质（5-7）的约束，我们不需要在每个改变发生的时候重新为每个簇计算 k-size。相反地，因为所有的簇中心在 T-DIGEST中都时已经排序好的，簇 C_i 中的元素个数可以通过为它估计的最大分位数值选择一个边界进行限制：

$$q_{\text{limit}} = k^{-1}(k(q(c_i),\sigma)+1,\sigma) \tag{5-8}$$

对于尺度函数（5-5）有如下的形式：

$$q_{\text{limit}} = \frac{1}{2}\left[1 + \sin\left(\arcsin(2 \cdot q(c_i)-1) + \frac{2\pi}{\sigma}\right)\right] \tag{5-9}$$

有了规则（5-8）来限制 T-DIGEST 中每个簇的元素个数，我们可以按照算法（5-9）制定合并 t-摘要算法，这与常规的聚类过程很相

似。为了对加权的数据点输入序列 $\{(x_1, x_1^{\text{count}}), (x_2, x_2^{\text{count}}), \cdots, (x_b, x_b^{\text{count}})\}$ 进行汇总，我们结合 T-DIGEST 数据结构中的簇中心对它们进行了排序。对结果序列 X 进行单次处理，如果摘要性质没有被违反，我们试图一次合并它们。我们从最左边的簇中心开始，将它的簇作为目前候选簇，并且通过（5-8）计算它的边界值 q_{limit}。然后，从 X 中按顺序处理所有簇中心，估计它们分位数的值并将它们与边界值进行比较。如果待处理的簇中心在处理后没有超过边界值，我们就将它合并到候选簇中，并从序列 X 中继续处理下一个簇中心。否则，意味着到达了候选簇的最大容量，并且没有新的元素可以被添加。我们就在 T-DIGEST 数据结构中维持目前的候选簇，由待处理的簇中心发出一个新的候选簇，重新计算分位数边界值 q_{limit}。最后，我们就得到一个完全合并好的 T-DIGEST 数据结构。

算法 5.9：向 t-摘要合并元素

输入：带有元素 $\{(x_1, x_1^{\text{count}}), (x_2, x_2^{\text{count}}), \cdots, (x_b, x_b^{\text{count}})\}$ 的 Buffer B

输入：t-摘要数据结构 T-DIGEST

输入：压缩参数 $\sigma > 1$，scale 函数 k

输入：带有合并好 buffer 的 t-摘要数据结构

$X \leftarrow \text{sort}(\text{T-DIGEST} \cup B)$

$\text{T-DIGEST} \leftarrow \varnothing$

$m \leftarrow \text{count}(X), n \leftarrow \sum_{x_i \in X} x_i^{\text{count}}$

$c \leftarrow x_1, q_c \leftarrow 0$

$q_{\text{limit}} \leftarrow k^{-1}\left(k(q_c, \sigma) + 1, \sigma\right)$

for $i \leftarrow 2$ **to** m **do**

    $\hat{q} \leftarrow q_c + \frac{1}{n}c^{\text{count}} + \frac{1}{n}x_i^{\text{count}}$

    if $\hat{q} \leqslant q_{\text{limit}}$ **then**

        $c^{\text{count}} \leftarrow c^{\text{count}} + x_i^{\text{count}}$

        $c \leftarrow c + x_i^{\text{count}} \cdot \frac{x_i - c}{c^{\text{count}}}$

        continue

    $\text{T-DIGEST} \leftarrow \text{T-DIGEST} \cup \{(c, c^{\text{count}})\}$

    $q_c \leftarrow q_c + \frac{1}{n}c^{\text{count}}$

    $q_{\text{limit}} \leftarrow k^{-1}\left(k(q_c, \sigma) + 1, \sigma\right)$

    $c \leftarrow x_i$

$\text{T-DIGEST} \leftarrow \text{T-DIGEST} \cup \{(c, c^{\text{count}})\}$ // last cluster usually is a singleton

return T-DIGEST

正如我们所看到的，每当出现一个新的候选簇时，边界值 q_{limit} 必须被重新计算。计算过程包含（5-8）和（5-9）中昂贵的尺度函数和反函数的计算。幸运的是，簇的数目实际上并不是很大。为了优化边界值的计算，很多技术已经被提出，例如使用有效的估计算法对尺度函数中的元素进行估计或者大概计算一下每个簇中可以处理的最大元素个数。

对一个连续的数据流进行索引的完整的算法基于如下思路：使用很多固定大小的缓冲区处理流数据并且连续地将它们合并到 T-DIGEST 数据结构中。

算法 5.10：使用 t-摘要处理数据流

输入：数据流 $\mathbb{D}=\{x_1,x_2,\cdots,\}$

输入：缓冲区大小 b，压缩参数 $\sigma>1$，尺度函数 k

输入：t-摘要数据结构

T-DIGEST $\leftarrow \varnothing$
while $\mathbb{D}$ do
    B $\leftarrow \{(x_1,1),(x_2,1),\ldots,(x_b,1)\}$
    T-DIGEST $\leftarrow$ **Merge**(T-DIGEST, B, σ, k)
return T-DIGEST

特别注意的是，算法 5.10 的运行时间消耗是在输入元素在缓冲区中的频繁输入和算法 5.9 偶尔的调用之间的。因为元素输入的代价很低，因此总的时间消耗在于多个输入均摊的合并子算法中的排序和尺度函数的调用。

例 5.9 使用 t-摘要对数据流进行索引

参考例 5.6 中包含 $n=20$ 个整数的数据集

$$\{0,0,3,4,1,6,0,5,2,0,3,3,2,3,0,2,5,0,3,1\}$$

作为示例，让我们设置压缩参数 $\sigma=5$，缓冲区大小为 $b=10$，且按照（5-5）给定尺度函数。

我们从数据中将开始的十个元素填入缓冲区 B 中：

$$B=\langle(0,1),(0,1),(3,1),(4,1),(1,1),$$
$$(6,1),(0,1),(5,1),(2,1),(0,1)\rangle$$

根据算法 5.10，我们需要从缓冲区和 T-DIGEST 的簇中心中加入元素。然而，因为 t-摘要数据结构为空，候选簇列表 X 仅仅包含了 B 中的 $n=10$ 个元素，我们将元素按照升序排序如下：

$$X=\langle(0,1),(0,1),(0,1),(0,1),(1,1),$$
$$(2,1),(3,1),(4,1),(5,1),(6,1)\rangle$$

通过获取最左边的簇中心 $(0,1)$，我们选择我们的第一个候选簇并且使用式(5-9) 计算它的分位数边界值 q_{limit}：

$$q_{\text{limit}}=\frac{1}{2}\left[1+\sin\left(\arcsin(-1)+\frac{2\pi}{5}\right)\right]=0.345\,49$$

然后，我们从 X 中获取下一个元素，仍然为 $(0,1)$，并评估它是否可以在不违反摘要性质的情况下被合并到候选簇中。在我们的示例中，需要估计这个合并的簇的最大分位数值 $\hat{q}$：

$$\hat{q}=\frac{(1+1)}{10}=0.2$$

并且，因为该值低于分位数边界值 q_{limit}，我们可以很轻松地将元素 $(0,1)$ 合并到目前的候选簇中，该簇现在就有了 $c^{\text{count}}=2$ 个元素。但是，因为元素是完全相同的，簇中心保持相同的 $c=0$。

同样地，我们能够将下一个元素 $(0,1)$ 合并到候选簇中，仅仅改变了所总结的元素个数 $c^{\text{count}}=3$。

接下来，我们从 X 中获取第四个元素 $(0,1)$，并且按照以上相同的流程检查它是否也能被合并到候选簇中。然而，这个合并的簇所估计的最大分位数值 $\hat{q}$ 将变为：

$$\hat{q}=\frac{(3+1)}{10}=0.4$$

该值超过了目前的边界值 $q_{\text{limit}}=0.345\,49$。因此，我们停止将其他簇中心加入候选簇的尝试，将它存储在 T-DIGEST 数据结构中：

$$\text{T-DIGEST}=\langle(0,3)\rangle$$

并记下它最大的分位数值为 $q=\dfrac{c^{\text{count}}}{n}=0.3$。

从这一时刻，我们开始从目前加入的元素（0,1）构建一个新的候选簇，得到 $c=0$ 和 $c^{\text{count}}=1$，并且它的分位数边界值为：

$$q_{\text{limit}} = \frac{1}{2}\left[1 + \sin\left(\arcsin(2 \cdot 0.3 - 1) + \frac{2\pi}{5}\right)\right] = 0.874\ 025$$

接下来，我们获取元素（1,1），并且如果我们将它合并到目前的候选簇时，所估计的最大分位数 $\hat{q}$ 将变为：

$$\hat{q} = 0.3 + \frac{(1+1)}{10} = 0.5$$

该值没有超过目前的边界值。因此，我们将元素（1,1）合并到目前的簇中，该簇的计数值提高到 $c^{\text{count}}=2$，且簇中心变为：

$$c = 0 + \frac{1-0}{2} = 0.5$$

类似地，我们从 X 中处理所有剩下的元素，T-DIGEST 数据结构变为：

$$\text{T-DIGEST} = \langle(0,3),(2,5),(5,1),(6,1)\rangle$$

继续处理数据集，我们填满一个新的缓冲区：

$$B = \langle(3,1),(3,1),(2,1),(3,1),(0,1),$$
$$(2,1),(5,1),(0,1),(3,1),(1,1)\rangle$$

将它与 T-DIGEST 融合起来，并按照簇中心升序的方式对结果序列 X 进行排序：

$$X = \langle(0,3),(0,1),(0,1),(1,1),(2,5),(2,1),(2,1),(3,1),$$
$$(3,1),(3,1),(3,1),(5,1),(5,1),(6,1)\rangle$$

得到排序以后的序列之后，我们重新清洗 T-DIGEST 数据结构并从最左边的元素开始尝试序列化地合并元素，并将簇合并到它们不能再被合并的 T-DIGEST 中。

最后，T-DIGEST 数据结构包含 $m=5$ 个簇并有如下的形式：

$$\text{T-DIGEST} = \langle(0.1667,6),(2.363\ 64,11),(5,1),(5,1),(6,1)\rangle$$

因为我们丢失了聚集到一起的精确元素信息（除了簇中心是初始化元

素的单簇之外），T-DIGEST 提供了数据流的有损表示来估计分位数和回答分位数查询问题。因此，我们需要进行插值并将由所选取的尺度函数产生的簇的分布。

算法 5.11：使用 t –摘要回答分位数查询问题

输入：带有 m 个簇的 t –摘要数据结构

输入：值 $q \in [0,1]$

输出：q –分位数

$n \leftarrow \sum\limits_{j=1}^{m} c_j^{\text{count}}$

if $n \cdot q < 1$ then
    $\lfloor$ return c_1

if $n \cdot q > n - \frac{1}{2} c_m^{\text{count}}$ then
    $\lfloor$ return c_m

/* at this point, we can be sure that $\exists i \in [1, m) : q(c_i) + \frac{1}{2n} c_{i+1}^{\text{count}} > q$, */
/* so the searched quantile is somewhere between c_i and c_{i+1} */

if $c_i^{\text{count}} = 1$ and $q(c_i) > q$ then
    $\lfloor$ return c_i

if $c_{i+1}^{\text{count}} = 1$ and $q(c_{i+1}) - \frac{1}{n} \leqslant q$ then
    $\lfloor$ return c_{i+1}

$\Delta_{\text{left}} \leftarrow (c_i^{\text{count}} = 1) \ ? \ 1 : 0$
$\Delta_{\text{right}} \leftarrow (c_{i+1}^{\text{count}} = 1) \ ? \ 1 : 0$
$w_{\text{left}} \leftarrow n \cdot q - n \cdot q(c_i) + \frac{c_i^{\text{count}} - \Delta_{\text{left}}}{2}$
$w_{\text{right}} \leftarrow n \cdot q(c_i) - n \cdot q + \frac{c_{i+1}^{\text{count}} - \Delta_{\text{right}}}{2}$
return $\frac{c_i \cdot w_{\text{right}} + c_{i+1} \cdot w_{\text{left}}}{w_{\text{left}} + w_{\text{right}}}$

因此，为了从 T-DIGEST 数据结构中查找 q –分位数，我们在这个排序好的序列中计算被查找元素 x 的排序为 $n \cdot q$。其中，n 为 t –摘要数据结构中总结的元素总个数。如果这个排序低于 1，我们报告簇中心 c_1 为分位数。类似地，如果排序在最大计数值最后一个簇的一半以内或者更大，我们报告摘要数据结构中最大的元素 c_m。否则，我们对簇 C_i 和 C_{i+1} 进行搜索，它们由式(5-4) 估计的分位数值包含了所给定的分位数值 q。当左边的簇 C_i 仅仅包含了一个元素且它最大的分位数超过了 q，我们返回簇中心 c_i 作为分位数，该值也是之前准确地被汇总到簇中的元素。类似地，如果右边的簇 C_{i+1} 仅仅包含了单个元素且它估计的最小的分位数低于给定的分位数值 q，这意味着该簇对所查询的分位数负责，我们报告簇中心 c_{i+1} 作为它最好的近似值。否则，我们通过评估每个这样的簇的贡献来计算它们的权重，并且通过计算两个簇的簇中心的加权平均构建插值来报告 q-分位数。

> 分位数估计算法取决于尺度函数的选择，并且有了更激进的函数，可以在边缘产生更长尾的单簇群，这可以被调整来提升极端分位数的准确度[Du18]。此外，建议在索引期间保留最小和最大元素以在插值中使用它们。

例 5.10 使用 t-摘要进行分位数查询

我们在例 5.9 中构建的 T-DIGEST 数据结构中进行分位数查询，来计算 0.65-分位数：

$$T\text{-}DIGEST = \langle (0.1667,6),(2.363\,64,11),(5,1),(5,1),(6,1) \rangle$$

T-DIGEST 中的所有元素总数是所有簇计数值的总和，在我们的示例中为 $n=20$。所查询的分位数 x 的排序为 $n \cdot q = 20 \cdot 0.65 = 13$，该值既不小于 1，也不接近于 n。因此，我们开始查询两个连续的簇 C_i 和 C_{i+1}，其簇中心包含了所查询的分位数 x。在目前的 T-DIGEST 数据结构中，这两个簇为 C_2 和 C_3，因为：

$$q(c_2) + \frac{1}{2 \cdot 20} c_3^{\text{count}} = \frac{6+11}{20} + \frac{1}{40} = 0.875 > 0.65$$

正如算法 5.11 所需的。

因此簇 C_3 是一个单簇，这意味着 $c_3^{\text{count}} = 1$，我们需要将它最大的分位数值与所查询的分位数值 q 进行比较，以便检查它的簇中心是否可以最好的匹配。因此，我们计算

$$q(c_3) + \frac{1}{20} = \frac{6+11+1}{20} + \frac{1}{20} = 0.95$$

该值很明显的超过了值 $q=0.65$，并且我们可以汇总真实的分位数位于簇中心 c_3 和 c_2 之间的某个位置。但需要记住的是，右边的簇是一个单簇，$\Delta_{\text{right}} = 1$。因此，所查询的分位数可以通过使用簇中心的加权平均值进行插值，权重为：

$$w_{\text{left}} = 20 \cdot 0.65 - 20 \cdot q(c_2) + \frac{c_2^{\text{count}} - 0}{2}$$

$$= 13 - 20 \cdot \frac{6 + 11}{20} + \frac{11}{2} = 1.5$$

$$w_{\text{right}} = 20 \cdot q(c_2) - 20 \cdot 0.65 + \frac{c_3^{\text{count}} - 1}{2}$$

$$= 20 \cdot \frac{6 + 11}{20} - 13 + \frac{1 - 1}{2} = 4$$

最后，例 5.9 数据集中所估计的 0.65 -分位数值为：

$$x = \frac{c_2 \cdot w_{\text{right}} + c_3 \cdot w_{\text{left}}}{w_{\text{left}} + w_{\text{right}}} = \frac{2.363\,64 \cdot 4 + 5 \cdot 1.5}{1.5 + 4} = 3.08$$

该值与数据集中的精确值 3 是十分接近的。

与分位数查询类似，我们可以使用 T-DIGEST 数据结构回答反向分位数查询问题，并且查找一些给定元素 x 的排序。我们开始将元素 x 与 T-DIGEST数据结构中最小和最大的簇中心进行比较，该簇中心是最左边和最右边的簇。如果 x 落到该范围之外，我们仅仅汇报 1 或者元素的总个数 n 作为所估计的排序，这取决于元素所出现的位置。否则，我们在所有的簇中心中查找元素 x。如果这样的簇被找到了，我们就对它们的计数值进行累加，并基于该累加值得到的最小的索引 $\text{rank}(x)$ 作为簇的排序。如果以上的检查都没有成功，我们可以确信元素 x 落在一些连续簇的簇中心之间，用 $(c_i,\ c_{i+1})$ 表示，其排序至少为 $n \cdot q(c_i)$。如果这些簇都是单簇，意味着它们的簇中心就是所总结的输入元素，我们就不需要对该值进行纠正并直接将其返回作为所查询的排序。当在这些簇中，仅仅只有一个簇是单簇，我们利用另一个簇的扩展的贡献对排序进行微调来得到最后的排序值。否则，我们使用簇的大小来构建插值，并调整排序值。

算法 5.12：使用 t -摘要回答反向分位数查询问题

输入：元素 x

输入：带有 m 个簇的 t -摘要数据结构

输出：元素排序

$$n \leftarrow \sum_{j=1}^{m} c_j^{\text{count}}$$

if $x < c_1$ then
$\quad\lfloor$ return 1

if $x > c_m$ then
$\quad\lfloor$ return n

/* check if x is one of the centroids */

if $\exists j : c_j = x$ then
$\quad\vert$ $J \leftarrow \{j : c_j = x\}, i^* \leftarrow \min(J)$
$\quad\lfloor$ return $n \cdot q(c_{i^*}) - c_{i^*}^{\text{count}} + \frac{1}{2} \sum_{j \in J} c_j^{\text{count}}$

/* at this point, we can be sure that $\exists i \in [1, m) : x \in (c_i, c_{i+1})$ */

$rank \leftarrow n \cdot q(c_i)$

if $c_i^{\text{count}} = 1$ and $c_{i+1}^{\text{count}} = 1$ then
$\quad\lfloor$ return $rank$

$\hat{x} \leftarrow \frac{x - c_i}{c_{i+1} - c_i}$

if $c_i^{\text{count}} = 1$ then
$\quad\vert$ return $rank + \frac{\hat{x}}{2} \cdot c_{i+1}^{\text{count}}$

if $c_{i+1}^{\text{count}} = 1$ then
$\quad\vert$ return $rank - \frac{(1-\hat{x})}{2} \cdot c_i^{\text{count}}$

return $rank + \frac{\hat{x}}{2} \cdot c_{i+1}^{\text{count}} - \frac{(1-\hat{x})}{2} \cdot c_i^{\text{count}}$

正如之前所提到的，为了回答范围查询问题，做两次反向分位数查询并且找到范围边界的排序的差值就足够简单了。

（1）性质

T-DIGEST 数据结构的大小、速度以及分位数估计的准确度之间有很明显的权衡。其中，T-DIGEST 数据结构的大小被压缩参数 σ 控制。因此，当设置一个更小的 σ 以及更大的缓冲区大小 b 时，我们可以在固定的存储空间下实现更快的速度。为了实现最高的准确度，最好使用较大的 σ 以获得更小的压缩率已经更大的缓冲区（例如：$10 \times \sigma$）。而为了实现最小的存储空间，最好使用较小的缓冲区和更大的压缩参数 σ。

正如 t-摘要算法作者所展示的，当使用尺度函数（5-5）时，满足摘要性质（5-7）的 T-DIGEST 数据结构中的簇数量 m 以及索引的 $n \geq \frac{\sigma}{2}$ 个元素在如下范围内：

$$\left\lfloor \frac{\sigma}{2} \right\rfloor \leqslant m \leqslant \lceil \sigma \rceil \tag{5-10}$$

例 5.11 估计所需的存储空间

例如，我们想基于压缩参数 $\sigma=100$ 索引至少 $n=1000$ 个元素。因此，根据（5-10），我们可以在完全合并的 T-DIGEST 中包含 50 到 100 个簇。

在 T-DIGEST 数据结构中，每个簇由它的簇中心和所索引的元素数量来表示。因此，有了 32 -比特计数器以及双精度 64 -比特浮点数的簇中心值，全部的簇中心需要 12 字节的存储空间，整个数据结构需要大约 1.2KB 的存储空间。

为了实现高准确度，我们通常使用比压缩参数大十倍的缓冲区，并且在 $b=10\cdot\sigma=1000$ 的情况下，我们可以为缓冲区中的元素分配更小的 16 比特计数器和双精度 64 比特浮点数，这最终会增加运行时 10KB 的存储空间。

t-摘要算法在 q-分位数估计中掌握了与 $q\cdot(1-q)$ 成正比的准确度 ε。并且，与其他掌握固定绝对误差的算法相比，在 t-摘要算法中，相对误差是有边界的，这使得该算法可抵抗极端分位数的极大误差。t-摘要比 q-摘要具备的优势是它可以处理浮点数，而正如我们所看的，q-摘要只能被限制在整数。

两个 t-摘要数据结构可以使用相同的方法轻松合并，但所得到的数据结构与为输入数据流构建的 T-DIGEST 数据结构是不同的。然而，经验结果表明它提供了对该值的良好估计，因此可以并行地为数据流的不同部分组合 t-摘要算法，并将它们组合起来回答排序查询问题。这使得该算法在 MapReduce 和大数据应用程序的流挖掘任务中是并行友好且有用的。

t-摘要算法在最近变得越来越流行。例如，它用于 Elasticsearch 中的百分位数聚合，也可用于 stream-lib 和 Apache Mahout。

5.4 总结

在本章中，我们介绍了广泛用于使用少量存储空间来计算基于排序的数据特征的算法和数据结构。我们研究了一种流行的采样算法、著名的基于树的流总结算法，以及其基于一维聚类的现代替代算法。基于这些算法，我们可以找到数据流中元素的排序、各种分位数并执行范围查询。

如果你对此处涵盖的材料的更多信息感兴趣或想阅读原论文，请查看本章后的参考文献列表。

在下一章中，我们将考虑相似性问题，这是数据分析的基础之一。我们研究了不同的相似性定义和有效的概率算法，这些算法解决了在庞大的数据集中为给定文档确定最相似文档的问题。

本章参考文献

[Ma99] Manku, G., et al. (1999) "Random sampling techniques for space efficient online computation of order statistics of large datasets", *Proceedings of the 1999 ACM SIGMOD International conference on Management of data*, Philadelphia, Pennsylvania, USA - May 31–June 03, 1999, pp. 251–262, ACM New York, NY.

[Co06] Cormode, G., et al. (2006) "Space- and time-efficient deterministic algorithms for biased quantiles over data streams", *Proceedings of the 25th ACM SIGMOD-SIGACT-SIGART symposium on Principles of database systems*, Chicago, IL — June 26–28, 2006, pp. 263–272, ACM New York, NY.

[Co08] Cormode, G., Hadjieleftheriou, M. (2008) "Finding frequent items in data streams", *Proceedings of the VLDB Endowment*, Vol. 1 (2), pp. 1530–1541.

[Du18a] Dunning, T. (2018) "The Size of a t-Digest", *github.com*, https://github.com/tdunning/t-digest/blob/779ab7b/docs/t-digest-paper/sizing.pdf, Accessed Jan. 19, 2019.

[Du14] Dunning, T., Ertl, O. (2014) "Computing Extremely Accurate Quantiles Using t-Digests", *github.com*, https://github.com/tdunning/t-digest/blob/t-digest-1.0/docs/theory/t-digest-paper/histo.pdf, Accessed Jan. 12, 2019.

[Du18] Dunning, T., Ertl, O. (2018) "Computing Extremely Accurate Quantiles Using t-Digests", *github.com*, https://github.com/tdunning/t-digest/blob/779ab7b/docs/t-digest-paper/histo.pdf, Accessed Jan. 19, 2019.

[Gr01] Greenwald, M., Khanna, S. (2001) "Space-Efficient Online Computation of Quantile Summaries", *Proceedings of the 2001 ACM SIGMOD International conference on Management of data*, Santa Barbara, California, USA - May 21–24, 2001, pp. 58–66, ACM New York, NY.

[Lu16] Luo, G., Wang, L., Yi, K. et al. (2016) "Quantiles over data streams: experimental comparisons, new analyses, and further improvements", *The VLDB Journal*, Vol. 25 (4), pp. 449–472.

[Sh04] Shrivastava, N., et al. (2004) "Medians and Beyond: New Aggregation Techniques for Sensor Networks", *Proceedings of the 2nd International conference on Embedded networked sensor systems*, Baltimore, MD, USA - November 03–05, 2004, pp. 58–66, ACM New York, NY.

[Wa13] Wang, L., et al. (2013) "Quantiles over data streams: an experimental study", *Proceedings of the 2013 ACM SIGMOD International conference on Management of data*, New York, NY, USA - June 22–27, 2013, 2013, pp. 737–748, ACM New York, NY.

第 6 章

相 似 性

作为一个基本的数据分析问题,相似性在过去的二十年里吸引了大量的研究工作。在谈论两个文档的关系时⊖,我们最感兴趣的是诸如"大致相同"的概念以及寻找用数值表示两个文档相似性的方法。

相似性在大数据应用中扮演着重要的角色,它可以被用来减少处理时间和计算工作量。例如,通过相似性分析,我们可以避免重复处理数据,即使这些重复数据的形式有所变化。另一个例子是开发不同的采样技术来处理大量有时无法处理的数据。当处理来自多个类的数据时,我们可以使用相似性度量将同一类的文档分组在一起,并处理每个类的相等子集,而不是仅仅从数据集每 n 个文档中选择一个文档作为样本(这会导致类的不平衡处理)。

例 6.1 DNA 序列 (Xie 等,2015)

近年来,随着 DNA 测序技术的快速发展,大量 DNA 序列被发现。评估它们之间的相似性是分析基因组信息的关键出发点并具有广泛的应用。然而,DNA 数据库包含大量文档,其中相同的数据可能以各种不同的形式存储,因此有效地搜索相似序列至关重要。

最著名的相似性相关问题是为给定文档寻找最近邻,即整个数据集中与它最相似的文档。在大型数据库中使用有效的最近邻搜索算法可以将许多重要的应用(如文档检索、图像匹配等)加速几个数量级。

最简单的解决方案是使用线性扫描,迭代所有文档,并将它们与给定文档进行比较。这种方法可以精确地找到任何查询对象的最近邻,但需要 $O(n)$ 的时间,其中需要进行比较的文档对的数量 n 很大。在高维空间中,

---

⊖ 文档可以是任何性质的对象,例如,文本,图片等。

最近邻搜索变得更加困难。

因此，我们正在寻找能够在次线性时间内近似找到最近邻的解决方案，这适用于大多数实际情况。在实践中，我们感兴趣的是解决近似最近邻问题，或者更正式地说，ε-最近邻问题，即在一个大数据库中以高概率 $1-\varepsilon$ 找到一个给定文档的最近邻。

最近邻搜索的一个直接应用是（精确和非精确的）重复项检测。这是一项查找在某个程度上与给定文档相似的文档的任务。

例 6.2   知识产权（Broder 等，1997）

重复项检测、非法副本或修改对于知识产权保护和防止剽窃非常重要。

给定源文档，我们可以通过最近邻搜索查找与源文档全部或部分相似的其他文档。这些文档来自对源文档大量复制或少量编辑。

最近邻问题的另一个重要应用是聚类，一个将文档分组的任务，使组（簇）内的文档比组外的其他文档更相似。换句话说，将最近的文档分到同一组中。

从概念上讲，要在数据集中找到相似的文档对，我们需要将每个文档与其他文档进行逐一比较。需要评估的次数大约为数据集中文档对数目的平方。因此，对于 100 万份文档，大约有 5000 亿（$5 \cdot 10^{11}$）文档对。假设每秒能评估 10^6 文档对，处理所有文档需要将近六天的时间，这是不切实际的。

由于相似性问题本身的模糊性，使用概率算法来快速有效地解决它是很自然的想法。

● Jaccard 相似度 Jaccard (resemblance) similarity

虽然尚不清楚如何表达任意表示的文档之间的相似性，但集合相似性已在数学上有了坚实的理论。因此，将文档表示为某些特征的集合，文档相似性问题可以转换为集合交集问题，并通过类似对每个文档独立进行的随机抽样的方法进行评估。

有许多不同的方法可以将任意性质的文档表示为一个集合。一般来说，我们需要识别以最佳方式描述文档的重要文档特征，并将文档表示为这些特征的简单集合。为了能够以更高的效率比较文档，定义一个规范的特征集合至关重要，这些特征集合对于那些仅在信息上不同的文档保持不变，这些信息通常认为是无意义的并被忽略（例如，对于文本文档，我们经常忽略标点符号、大写、格式等）。将文档预处理为规范形式的步骤称为文档规范化。

例 6.3　音乐曲目的特征

在音频匹配任务中，我们想要在音频入耳之前，使用一些特征描述它们。这些特征通常对常见的音乐类型有很好的鲁棒性。例如，我们可以记录频谱中的峰值，并将它们在时间和空间中的位置编码为描述特定音频的签名集合。

相比之下，对于歌曲，我们可以基于梅尔频率倒谱系数（MFCC）提取特征，这是音乐剪辑的短时频谱分解，能传达对人类听力重要的一般频率特征。将一首歌曲表示为 MFCC 帧的集合，如果两首歌曲具有相同的帧而不管顺序如何，我们可以认为它们是相似的。

另一个示例显示了如何处理文本文档。

例 6.4　文本文档的 shingling 技术

将文本文档表示为特征集合的最广为人知的方法是 shingling，其中 shingle 指包含在文档中的连续子序列。具体来说，每个文档都可以与 w-shingles 的集合相关联。该集合包括文档中包含的预定义的大小为 w 的所有 shingles。

例如，给定文本文档 "The quick brown fox jumps over the lazy dog"，我们可以从字符的序列中构建 $w = 6$ 的 shingles 如 "the qu"、"he qui"、"equic"、"quick"、"quick"、"uick b"、"ick br"、"ck bro"、"k brow" 等。

另一种方式是对词进行词元化。为此，我们的示例可以简化为通过空格对文档进行简单拆分，然后从词序列中构建 shingles。例如，3-shingles（3-grams）将会是 "the quick brown"、"quick brown fox"、"brown fox jumps"、"fox jumps over"、"jumps over the"、"over the lazy"、"the lazy dog"。

不幸的是，shingles 的长度变化范围很大，因此很难为之分配空间效率高的数据结构。

作为替代，我们可以通过经典散列函数将 shingles 转化为固定长度（例如，8 比特）的实体。这种方法会存在额外的散列碰撞概率（很小），但是可以大大减少所需空间。

如果两个文档 d_A 和 d_B 表示为特征集合，我们可以从数学上计算它们的相似性作为 Jaccard 相似度 $J(d_A，d_B)$。Jaccard 相似度表示两个文档中共同特征的比率，并产生一个介于 0 和 1 的数值。对于大致相同的两个文档，其 Jaccard 相似度接近于 1：

$$J(d_A，d_B) = \frac{|d_A \bigcap d_B|}{|d_A \bigcup d_B|} \tag{6-1}$$

完全重复的文档之间的 Jaccard 相似度等于 1。如果文档之间的相似度超过某个给定的阈值 $0 < \theta < 1$，我们可以将文档视为最近邻。

> 实际上，对于要计算 Jaccard 相似度的大量文档，为每个文档生成一个相对较小的固定大小的数据梗概就足够了。这样的数据梗概可以非常快地生成（与文档大小成线性关系），并且，给定两个数据梗概，可以根据梗概的大小在线性时间内计算 Jaccard 相似度。

例 6.5　Jaccard 相似度

医学症状可以自然地用作疾病的特征。考虑五种众所周知的疾病及其最常见的症状如表 6-1 所示[○]：

表 6-1　五种疾病常见症状

	疾病	症状
d_1	allergic rhinitis	sneezing, itchiness, runny nose
d_2	common cold	runny nose, sore throat, headache, muscle aches, cough, sneezing, fever, loss of taste
d_3	flu	fever, aching body, feeling tired, cough, sore throat, headache, difficulty sleeping, loss of appetite, diarrhea, nausea

---

○　更多的症状和治疗方法详见 NHS Choices https：//www.nhs.uk

（续）

	疾病	症状
d_4	measles	runny nose, cough, red eyes, fever, greyish-white spots, rash
d_5	roseola	fever, runny nose, cough, diarrhea, loss of appetite, swollen glands, rash

直觉上，我们可以预期 common cold 与 flu 更相似，而不是 roseola。roseola 应该类似于 measles，allergic rhinitis 应该和其他的有很大的不同。让我们计算这些文档的 Jaccard 相似度。

文档 d_2 和 d_3 共有 14 中不同的症状，并有 4 种共同症状（cough，fever，headache，sore throat）；因此，其相似度为 0.2857，约等于 29%：

$$J(d_2,d_3)=\frac{4}{14}=0.2857$$

然后我们计算文档 d_4 和 d_5 的相似度。它们共有 9 中不同的症状，并有 4 种共同症状，其相似度为 44%：

$$J(d_4,d_5)=\frac{4}{9}=0.44$$

相比之下，d_1 和 d_3 之间没有相同症状，因此 $J(d_1, d_3)=0$。这说明它们是两种不同的疾病，不能混淆。

一旦每个文档都表示为一个特征集合，我们就有了所有文档中所有特征的集合，该集合被称为全集 Ω。这个特征集可以看作是一个比特数组，其中被置位的比特表示全集中的相应特征存在于文档中。

全集通常比特定文档的特征集合大得多，因此文档比特数组中的未置位比特数量远大于置位比特数量（非常稀疏）。

例 6.6 文档比特数组

参考例 6.5 中的疾病列表。这些文档的全集 Ω 包含文档中所有不同的症状（在实际中，全集应包含所有可能的医学症状）。我们可以以不同的顺序枚举这些症状，比如，字典序，如表 6-2 所示：

表 6-2　字典序枚举症状

序号	症状	序号	症状
0	aching body	10	loss of taste
1	cough	11	muscle aches
2	diarrhea	12	nausea
3	difficulty sleeping	13	rash
4	feeling tired	14	red eyes
5	fever	15	runny nose
6	greyish-white spots	16	sneezing
7	headache	17	sore throat
8	itchiness	18	swollen glands
9	loss of appetite		

对应文档 d_3（flu）和特征顺序的比特数组具有以下形式：

0	1	2	3	4	5	6	7	8	9	10	11	12	13	14	15	16	17	18
1	1	1	1	1	1	0	1	0	1	0	0	1	0	0	0	0	1	0

因此，位置 5（对应 fever）的置位比特表示这是 flu 对应的症状，同时在位置 13 上未置位的比特表明 rash 不是 flu 的症状。

两个文档比特数组之间的 Jaccard 相似度是两个文档同时置位的比特数量（即在相同的位置上比特均为 1）与两者中任一文档置位的比特数量之比。

文档的二进制表示仅对文档中的特征存在与否进行编码，不能回答有关特征出现频率的问题，也不支持特征优先级。例如，例 6.5 中，许多疾病都有 cough、fever 和 runny nose 的症状，因为这只是我们的身体保护自己的方式，与具体的疾病无关。然而，这使得许多不同的疾病彼此更加相似。为了识别"真正"相似的文档，我们需要使用不同的方法，例如 TF-IDF 模型，它优先更多考虑文档之间的专用术语，并将文档表示为特征权重的稠密向量。不幸的是，（6-1）所定义的 Jaccard 相似度不适用于这种情况。因此我们需要寻找其他相似度定义，如 Ruzicka 相似度或余弦相似度。

- 余弦相似度

关于文档数学形式化的另一种视角是将它们表示为特征权重的稠密向量，其中权重可以突出特征的重要性。

由于向量空间模型⊖的流行，文本文档是这种形式化的主要目标。它能为此类文档提供稠密化向量表示作为标识符。例如，词频-逆文档频率模型（TF-IDF）将文档视为词语权重的稠密向量，该向量由文档中词语的相对频率构建（词频，TF），并通过数据集中包含该词语的文档的相对数量进行归一化（逆文档频率，IDF）。

例 6.7　向量空间模型

参考例 6.5 中的文档，让我们使用 TF-IDF 模型构建它们的实值化表示。我们将每个症状 s_j 视为一个词语，并根据该词语在数据集中的出现情况来为文档计算其权重 w_j。此想法优先考虑在特定文档中出现次数更多，但在整个数据集中非常罕见的词语，因为这些词语可能更好地代表了文档。在我们的例子中，所有症状在文档中恰好出现一次或零次，因此我们不单纯地使用频率，而是使用针对文档长度对特征频率进行调整，即文档中症状的相对频率 f_j^d。为了使结果更加直观，我们还对输出进行了缩放并将权重四舍五入为整数：

$$w_j = 100 \cdot f_j^d \cdot \log \frac{n}{n_j}$$

其中 n_j 是包含特征 s_j 的文档数量，n 是数据集包含的文档数量。

类似于例 6.6，我们定义全集 Ω，并按照字典序枚举不同的症状如表 6-3 所示。因此，我们最终得到 19 个不同的特征，对应文档向量的维度为 19。

表 6-3　症状特征及文档数量

特征	症状	文档数量
s_0	aching body	1

⊖　G. Salton et al., A vector space model for automatic indexing, 1975

（续）

特征	症状	文档数量
s_1	cough	4
s_2	diarrhea	1
s_3	difficulty sleeping	1
s_4	feeling tired	1
s_5	fever	4
s_6	greyish-white spots	1
s_7	headache	2
s_8	itchiness	1
s_9	loss of appetite	2
s_{10}	loss of taste	1
s_{11}	muscle aches	1
s_{12}	nausea	1
s_{13}	rash	2
s_{14}	red eyes	1
s_{15}	runny nose	4
s_{16}	sneezing	2
s_{17}	sore throat	2
s_{18}	swollen glands	1

考虑文档 d_3（flu），并构建其文档特征权重向量表示。特征 s_0（aching body）是文档 d_3 的 10 个特征之一，它的相对频率为 $f_0^3 = \frac{1}{10} = 0.1$；由于数据集中的其他文档均不包含此特征，因此 $n_0 = 1$ 且文档总数 $n = 5$：

$$w_0^3 = 100 \cdot 0.1 \cdot \ln \frac{5}{1} \approx 16$$

类似地，特征 s_1（cough）在文档中出现了一次，因此 $f_1^3 = 0.1$，但是数据集中的其他四个文档也包含该特征，因此 $n_1 = 4$，对应的权重为

$$w_1^3 = 100 \cdot 0.1 \cdot \ln \frac{5}{4} \approx 2$$

我们可以据此处理所有的特征。如果某些来自全集的特征不存在于任

何文档中，其权重为 0（不考虑其他计数）。

因此，文档 d_3 的最终实值向量表示为：

16	2	9	16	16	2	0	9	0	9	0	0	16	0	0	0	0	9	0

作为文档向量领域中一种流行的相似度度量，余弦相似度 $c(d_A, d_B)$ 是表示为两个非零向量的两个文档的夹角 $\alpha = \alpha(d_A, d_B)$ 的余弦值：

$$c(d_A, d_B) = \cos(\alpha) = \frac{d_A \cdot d_B}{\|d_A\|_2 \cdot \|d_B\|_2} \tag{6-2}$$

余弦相似度关注文档向量的方向，而不是大小。如果两个文档向量在空间中是正交的（因此，这样的文档是完全不相关的），它们之间的夹角为 $90°$，余弦相似度为 $\cos 90° = 0$。另一方面，如果文档向量之间的角度接近 $0°$，则文档大致相同，并且它们的余弦相似度接近于 1。

> 虽然余弦函数的取值范围为 $[-1, 1]$，但在大多数信息检索问题中，文档向量只有正分量。两个文档之间的角度不超过 $90°$，因此余弦相似度的取值范围为 $[0, 1]$。

例 6.8 余弦相似度

考虑定义红色（R）、绿色（G）和蓝色（B）色度的 RGB 颜色空间。每种其他颜色都可以用 R、G 和 B 的非负 8 比特来表示。例如，红色在 R 通道中具有最大值 255，在其他通道中具有 0。

许多人天生就可以识别相似的颜色，但让我们估计一下它们的余弦相似度。考虑表 6-4 中的颜色。

表 6-4　各颜色 R、G、B 值

	颜色	R	G	B
d_1	red	255	0	0
d_2	dark red	139	0	0
d_3	ruby	224	17	95
d_4	deep sky blue	0	191	255

作为代替，我们可以将它们绘制为在三维 RGB 空间中的位置向量。

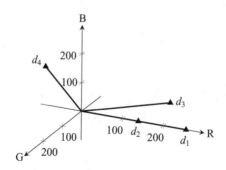

我们计算文档d_1（red）和d_2（dark red）的相似度。直观上看，这两者非常相似：

$$c(d_1,d_2)=\frac{255\cdot139+0\cdot0+0\cdot0}{\sqrt{255^2+0^2+0^2}\cdot\sqrt{139^2+0^2+0^2}}=1$$

因此，根据余弦相似度，这两个文档完全一致。这是由于余弦相似度仅认为向量的方向是重要的（两种颜色仅在 R 通道上不为 0），而非向量的大小（通道值的实际大小）。

接下来考虑文档d_4（deep sky blue），该颜色与d_1（red）形成强烈对比。二者之间的余弦相似度为

$$c(d_1,d_4)=\frac{255\cdot0+0\cdot191+0\cdot255}{\sqrt{255^2+0^2+0^2}\cdot\sqrt{0^2+191^2+255^2}}=0$$

确实，这两个文档是正交的，通过余弦相似度为 0 可以证实。

现在考虑文档d_3（ruby），该颜色在所有通道中均有值。我们寻找与该颜色更相似的颜色：

$$c(d_3,d_4)=\frac{224\cdot0+17\cdot191+95\cdot255}{\sqrt{224^2+17+95^2}\cdot\sqrt{0^2+191^2+255^2}}=0.32$$

以及

$$c(d_3,d_{41})=\frac{224\cdot255+17\cdot0+95\cdot0}{\sqrt{224^2+17^2+95^2}\cdot\sqrt{255^2+0^2+0^2}}=0.92$$

因此，相比 deep sky blue，ruby 与 red 更相似。这是可以预测的，因为它代表了切割和抛光红宝石的颜色，并且是红色的阴影。

现在我们介绍一个用于有效搜索近似重复文档的通用框架，然后我们去了解它在不同的相似性定义下的著名实现。

6.1 局部敏感散列

局部敏感散列（Locality-Sensitive Hashing，LSH）是由 Piotr Indyk 和 Rajeev Motwani 在 1998 年[In98] 提出的一个函数族，其特性是相似的输入对象（来自此类函数的域）在输出空间中相比不相似的输入对象具有更高的碰撞概率。

直观地说，LSH 基于一个简单的想法，即如果任何性质的两个文档很接近，那么在应用这些散列函数之后，这些文档的散列结果也仍然相近。

> 局部敏感的散列函数与传统的散列函数完全不同，它们的目标是最大化相似对象发生碰撞的概率，而其他函数则试图将碰撞概率最小化。如果我们考虑两个仅相差一个字节的文档并应用任何传统散列函数如 MurmurHash3 或 MD5，两个文档的散列值将完全不同，因为这些传统散列函数的目标是保持较低的冲突概率。

构建保持文档之间相似度的局部敏感散列函数需要知道如何度量相似度 $\text{Sim}(d_A, d_B)$ 并使用某个阈值 θ 区分相似对象。

> 相似性度量需要根据具体的实际问题进行选择，不同的相似性度量的 LSH 函数族不同。然而，并不是每个相似性度量都能构建相应的局部敏感散列函数。例如，已经证明不可能为诸如 Dice 系数和重叠系数之类的常用指标构建相应的局部敏感散列函数。

局部敏感散列函数 h 对数据集中每个文档映射，并假设相似文档的散列碰撞概率 P 更高：

$$\begin{cases} \Pr(h(d_A) = h(d_B)) \geqslant p_1 & \text{如果 } \text{Sim}(d_A, d_B) \geqslant \theta \\ \Pr(h(d_A) = h(d_B)) \leqslant p_2 & \text{如果 } \text{Sim}(d_A, d_B) \leqslant \gamma\theta \end{cases} \tag{6-3}$$

其中，$0<\gamma<1$，$0\leqslant p_2<p_1\leqslant1$。

γ 越接近 1，函数就越好，在相似度检测的误差就越小。

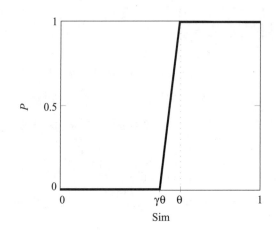

局部敏感散列算法是一种通用模式，它借助为所选相似性度量构建的局部性敏感散列函数来解决相似性问题。

算法 6.1：基于局部敏感散列的分桶

输入：数据集 $\mathbb{D}=\{d_1,d_2,\cdots,d_n\}$

输入：局部敏感散列函数族 $\mathrm{H}_{\mathrm{Sim}}^{\theta}$

输出：LSH 散列表，文档被分入散列表的桶中

T ← ∅
$h \sim \mathrm{H}_{\mathrm{Sim}}^{\theta}$
for $d \in \mathbb{D}$ do
    $key \leftarrow h(d)$
    $\mathrm{T}(key) \leftarrow \mathrm{T}(key) \cup \{d\}$
return T

简单的想法是使用局部敏感函数将文档映射到有限数量的桶中，相似的文档出现在相同桶中的概率更高。将这样的桶组织在一个散列表中，每个桶都由其散列值进行索引，我们可以通过散列表查找来搜索相似的文档。

然而，正如我们从（6-3）中看到的，局部敏感散列函数并不精确，这意味着可能会出现假阳性和假阴性错误。

当两个不相似的文档（其相似性度量不超过阈值 θ）出现在同一个

桶中时，就会发生这种通用模式中的假阳性错误。这种类型的错误可以通过精确计算桶中文档的相似度并将它们与给定的阈值进行比较来消除。

更困难的是假阴性，即两个相似的文档最终出现在不同的桶中。这是无法避免的，但为了最小化它们的数量，我们可以从同一函数族随机选择的不同 LSH 函数构建 k 个不同的散列表，这些函数的映射范围相同。换句话说，我们通过增加每个桶的估计器数量以提高准确性。

算法 6.2：寻找相似的文档

输入：文档 d，数据集 $\mathbb{D}$

输入：LSH 散列表 T，文档被分入散列表的桶中

输入：相似度阈值 θ

输出：相似的文档

```
S ← ∅
for key ∈ T do
    if d ∉ T(key) then
      └ continue
    for c ∈ T(key) do
        if Sim(d, c) ⩾ θ then
          └ S ← S ∪ {c}
return S
```

由于局部敏感散列函数专注于保留相似性，我们可以预期散列函数至少将相似的文档映射到同一个桶一次，并通过这些一起出现至少一次的文档构建最后的结果桶。

当然，这种技巧会增加假阳性错误的发生次数。但正如我们上面描述的那样，它们可以以高置信度消除假阴性。

算法 6.3：局部敏感散列算法

输入：文档 d

输入：LSH 散列表 T，文档被分入散列表的桶中

输入：相似度阈值 θ

输出：相似的文档

```
S ← ∅
for i ← 1 to k do
    ⌊ Tᵢ ← Bucketing(𝔻, H⁰_Sim)
      k
T := ⋃ Tᵢ
     i=1
for key ∈ T do
    ⌊ if d ∉ T(key) then
        ⌊ continue
      for c ∈ T(key) do
          ⌊ if Sim(d, c) ⩾ θ then
              ⌊ S ← S ∪ {c}
return S
```

LSH 算法的性能取决于 θ 和 k 的适当选择。这些参数的糟糕选择可能导致散列桶中的文档太少或太多。前者导致分桶不正确，后者则导致最后一步进行精确相似度计算的时间增加。

局部敏感散列算法是一个解决最近邻问题的框架，它根据选择的相似性度量有不同的实现。例如，对于常用的欧几里得距离（欧氏距离），它可以通过随机投影实现；对于 Jaccard 相似度，它可以通过最小散列（MinHash）实现；对于余弦相似度，它可以通过我们将在接下来的几节中详细研究的 SimHash 实现。

（1）最近邻搜索

当我们需要从由 LSH 算法分配到桶中的数据集中找到给定文档的最近邻时，我们将相同的局部敏感散列函数应用于该文档并得到对应的映射桶。这些桶中的文档是最近邻的候选，我们精确计算它们与给定文档之间的相似度，通过与相似度阈值 θ 的比较进行过滤。

在实际应用中，庞大的文档数量使得在 LSH 散列表中搜索变得具有挑战性。有很多方法可以处理它，但为了提高查找效率，大多数方法都引入了额外的计算，这些计算可以帮助以优化的顺序存储散列表键以改进表查找。

例如，Yingfan Liu 等发明的 SortingKeys-LSH。在 2014 年[Li14]，通过在检索候选文档时最小化随机 I/O 操作次数来提升搜索效率。作者为散列表的键定义了一个自定义距离度量，并以与该距离相关的特殊线性顺序对这些键进行排序。按照这个顺序，候选文档可以紧密地存储在内存或磁盘上。当新文档到达时，我们只需要根据引入的距离度量检索散列值相近的文档。由于随机 I/O 操作的减少和更高的搜索精度，这样可以更快地找到候选文档。

6.2 MinHash

基于 Jaccard 相似度的最著名的局部敏感散列是最小散列（Minwise Hashing，简称 MinHash）。MinHash 由 Andrei Broder 在 1997 年提出[Br97]，包括一个保留相似性的散列函数族和一个检测近似重复的算法。MinHash 最初在 AltaVista 搜索引擎中用于检测重复网页[Br00]，如今已被广泛应用于搜索行业中的众多应用，包括大规模机器学习系统、在线广告内容匹配等。

MinHash 的基本思想是将文档表示为固定长度的短签名，同时保留相似性并能有效地进行比较。

（1）MinHash signatures

对于表示为文档比特数组形式的每个文档 d_i，对索引按照某种排列顺序（特征的某种顺序）排序后，其 MinHash 值是最左边的置位比特的位置。因此，通过每次排列 π，我们可以定义不同的 MinHash 值 $\min(\pi(d_i))$。

例 6.9 MinHash 值

参考例 6.6 中为文档 d_3(flu) 建立的比特数组：

0	1	2	3	4	5	6	7	8	9	10	11	12	13	14	15	16	17	18
1	1	1	1	1	1	0	1	0	1	0	0	1	0	0	0	0	1	0

例如，让我们对索引 $0,\cdots,18$ 进行随机排序：

$$\pi = \{16,13,12,4,17,10,1,2,9,14,8,5,15,3,6,18,11,7,0\}$$

对应的特征顺序如表 6-4 所示：

表 6-4　随机排序后特征顺序及症状

序号	症状	序号	症状
16	sneezing	12	nausea
13	rash	4	feeling tired

（续）

序号	症状	序号	症状
17	sore throat	15	runny nose
10	loss of taste	3	difficulty sleeping
1	cough	6	greyish-white spots
2	diarrhea	18	swollen glands
9	loss of appetite	11	muscle aches
14	red eyes	7	headache
8	itchiness	0	aching body
5	fever		

因此，以排序后的顺序索引的文档比特数组为：

0	1	2	3	4	5	6	7	8	9	10	11	12	13	14	15	16	17	18
0	0	1	1	1	0	1	1	1	0	0	1	0	1	0	0	0	1	1

在所有比特根据排序 π 重新排列后，d_3 中最左侧被置位的比特的位置是 2，因此，文档 d_3 的 MinHash 值为 2：

$$\min(\pi(d_3)) = 2$$

为了降低随机性，可以通过为每个文档 d_i 构建长度为 k 的 MinHash 签名而不是仅依赖于单个 MinHash 值，该签名是通过 k 个随机排列 π_1，$\pi_2, \cdots, \pi_k$ 的比特数组索引计算得到的 k 个 MinHash 值的向量。签名 k 的长度与全集 Ω 的大小 n 无关，而且必须根据允许的错误概率和给定的相似性阈值进行选择。

为每个文档构建的签名列表 $\{d_i\}_{i=1}^n$ 创建一个 $k \times n$ 的签名矩阵 MinHashSig，这是 MinHash 算法的主要数据结构。签名矩阵中的行对应排列，列对应文档。这里需要强调的是，要构建签名矩阵，我们必须以同样的次序使用同一组排列顺序。

签名矩阵 MinHashSig 是一个整型稠密矩阵，列数等于数据集中的文档数。然而，签名矩阵的行数与全集 Ω 中的特征数相比要少得多，因此这比文档的二进制表示存储效率更高。

不幸的是，在实践中，显式地对一个大索引排列是不可行的；即使选择数百万或数十亿整数的随机排列也很耗时，而且对索引进行额外的必要排序将花费更多时间。

> 例如，即使对于一个包含 350 000 个文档和 1600 万个特征的非常小的 webspam 数据库[Li12]，500 次独立随机排列的预处理成本约为 6000 秒。然而，如今找到一个具有超过 10 亿个特征的全集并不罕见。对 10 亿个元素进行随机排列不仅速度慢，而且仅使用 32 比特整型索引存储一个排列需要 8 GB 内存。
>
> 此外，如果数据集不适合读入内存，我们需要将其存储在磁盘上，以随机排列的顺序访问比特。这存在与布隆过滤器文中讨论的相同的磁盘问题。

但是，我们可以通过将索引 $0,\cdots,m$ 映射到完全相同的范围的随机散列函数来模拟随机排列的效果。该过程可能会发生一些碰撞，但只要 k 足够大，它们并不重要。例如，我们可以使用之前由（1-2）定义的通用散列函数族 $h_{\{a,b\}}(x)$。

例 6.10　排序仿真

再次参考例 6.6 中文档 d_3（flu）的比特数组。

0	1	2	3	4	5	6	7	8	9	10	11	12	13	14	15	16	17	18
1	1	1	1	1	1	0	1	0	1	0	0	1	0	0	0	0	1	0

文档特征全集 Ω 包含 19 中特征，编号索引为 $0,\cdots,18$。为了为文档 d_3 构建长度 $k=4$ 的签名，我们从函数族（1-2）中选择 4 个散列函数，每个散列函数将位置索引 $f\in 0,\cdots,18$ 映射到位置 $h_i(f)\in 0,\cdots,18$ 以表示对索引的排序。在本例中 $m=19$ 并且选择 $p=M_5=2^5-1=31$ 是足够的。

$$h_1(x):=((22\cdot x+5)\bmod 31)\bmod 19$$
$$h_2(x):=((30\cdot x+2)\bmod 31)\bmod 19$$
$$h_3(x):=((21\cdot x+23)\bmod 31)\bmod 19$$
$$h_4(x):=((15\cdot x+6)\bmod 31)\bmod 19$$

由散列函数产生的相应排列为

$$h_1 = \{5,8,18,9,0,3,13,4,7,17,8,11,2,12,3,6,16,7,10\}$$
$$h_2 = \{2,1,0,11,10,9,8,7,6,5,4,3,2,1,0,18,17,16,15\}$$
$$h_3 = \{4,13,3,5,14,4,6,15,5,7,16,6,8,17,7,9,18,8,10\}$$
$$h_4 = \{6,2,5,1,4,0,3,18,2,17,1,16,0,15,11,14,10,13,9\}$$

因此，作为 k 次随机排序的替代，我们简单地在行上使用 k 个散列函数计算然后从散列结果中构建签名矩阵 MinHashSig。通过这种方式，我们只需要一次遍历数据就能构建签名矩阵。

算法 6.4：构建 MinHash 签名矩阵

输入：二进制文档向量 $\{d_j\}_{j=1}^n$

输入：全域散列函数族 $\{h_i\}_{i=1}^k$

输入：全集中 m 个不同的特征

输出：MinHash 签名矩阵

```
for f ← 0 to m − 1 do
    for i ← 1 to k do
        h_i^f ← h_i(f)
    for d_j ∈ D do
        if d_j[f] ≠ 1 then
            continue
        for i ← 1 to k do
            MinHashSig[i − 1, d_j] ← min(MinHashSig[i − 1, d_j], h_i^f)
return MinHashSig
```

> 假设我们有 1 000 000 个文档，并使用长度为 200 的签名，然后使用 32 比特整型变量表示这些值，那么我们需要 800B 表示每个文档，整个数据集则需要大概 800MB 的内存空间进行存储。

例 6.11 MinHash 签名矩阵

让我们使用例 6.10 中的排列来构建长度 $k=4$ 的 MinHash 签名矩阵。在初始的特征顺序中，所有文档的比特数组如下。

最开始，所有值的签名矩阵未被设置，我们可以用 ∞ 进行有效填充如

表 6-5 所示：

	0	1	2	3	4	5	6	7	8	9	10	11	12	13	14	15	16	17	18
d_1	0	0	0	0	0	0	0	0	1	0	0	0	0	0	0	1	1	0	0
d_2	0	1	0	0	0	1	0	1	0	0	1	1	0	0	0	1	1	1	0
d_3	1	1	1	1	1	1	0	1	0	1	0	0	1	0	0	0	0	1	0
d_4	0	1	0	0	0	1	1	0	0	0	0	0	0	0	1	1	1	0	0
d_5	0	1	1	0	0	1	0	0	0	1	0	0	0	1	0	1	0	0	1

表 6-5　填充后签名矩阵

	d_1	d_2	d_3	d_4	d_5
h_1	∞	∞	∞	∞	∞
h_2	∞	∞	∞	∞	∞
h_3	∞	∞	∞	∞	∞
h_4	∞	∞	∞	∞	∞

索引值 1 的散列值为 $h_1^1 = h_1(1) = 5$，$h_2^1 = h_2(1) = 2$，$h_3^1 = h_3(1) = 4$，$h_4^1 = h_4(1) = 6$。在第一个位置，只有文档 d_3 包含 1 比特。因此，我们在每一行更新其签名值，最新的值应该是签名矩阵中 d_3 一列的当前值和对应散列值中的最小值。例如，

$$\mathrm{MinHashSig}[h_1, d_3] = \min(\mathrm{MinHashSig}[h_1, d_3], h_1^1) = \min(\infty, 5) = 5$$

因此，在处理第一行后，签名矩阵 MinHashSig 为

表 6-6　签名矩阵 MinHashSig

	d_1	d_2	d_3	d_4	d_5
h_1	∞	∞	5	∞	∞
h_2	∞	∞	2	∞	∞
h_3	∞	∞	4	∞	∞
h_4	∞	∞	6	∞	∞

索引值 2 的散列值为 $h_1^2 = h_1(2) = 8$，$h_2^2 = h_2(2) = 1$，$h_3^2 = h_3(2) = 13$，$h_4^2 = h_4(2) = 2$。在这种情况下，更新除 d_1 外的其他列。因为这些文档均有第二个比特被置位。d_2，d_4 和 d_5 列只需获取相应的散列值作为更新，因

为它们没有先验值（签名矩阵中的∞）。然而，对 d_3 我们需要将当前值与当前散列函数的值进行比较以便为每一行选择最小值。例如，

$$\mathrm{MinHashSig}[h_2,d_3]=\min(\mathrm{MinHashSig}[h_2,d_3],h_2^2)=\min(2,1)=1$$

更新后的矩阵如表 6-7 所示：

表 6-7　更新后矩阵

	d_1	d_2	d_3	d_4	d_5
h_1	∞	8	5	8	8
h_2	∞	1	1	1	1
h_3	∞	13	4	13	13
h_4	∞	2	2	2	2

继续对签名矩阵更新，下面是处理 14 个索引位置后的签名矩阵。

表 6-8　处理后签名矩阵

	d_1	d_2	d_3	d_4	d_5
h_1	7	3	0	3	3
h_2	6	1	0	0	0
h_3	5	4	3	4	3
h_4	2	0	0	0	0

接下来，我们处理索引 15。除 d_3 外，该位置的所有文档均有比特置位。散列函数的值为 $h_1^{15}=h_1(15)=6$，$h_2^{15}=h_2(15)=18$，$h_3^{15}=h_3(15)=9$，$h_4^{15}=h_4(15)=14$。例如，

$$\mathrm{MinHashSig}[h_1,d_1]=\min(\mathrm{MinHashSig}[h_1,d_1],h_1^{15})=\min(7,6)=6$$

这表示我们需要更新签名矩阵中的对应值。

表 6-9　更新后签名矩阵

	d_1	d_2	d_3	d_4	d_5
h_1	6	3	0	3	3
h_2	6	1	0	0	0

（续）

	d_1	d_2	d_3	d_4	d_5
h_3	5	4	3	4	3
h_4	2	0	0	0	0

如果我们进一步处理索引值，我们可以看到可能没有发生实际更新，这意味着表 6-9 所示的签名矩阵是最终签名矩阵。

事实上，每一次排序定义了一个用于处理文档的 MinHash 函数。已经证明，这样的函数族是 LSH 函数族，并且所有排列的碰撞概率等于 Jaccard 相似度：

$$\Pr(\min(\pi(d_A)) = \min(\pi(d_B))) = J(d_A, d_B) \tag{6-4}$$

因此，为了估计两个文档的 Jaccard 相似度，计算签名矩阵 MinHashSig 中两个对应列具有相同值（碰撞）的 MinHash 签名的比例就足够了。当我们寻找散列碰撞时，有可能在任何一行都没有找到相同的值，那么我们可以认为文档是不同的。

例 6.12 不同签名的相似度

参考例 6.11 建立的签名矩阵 MinHashSig。

	d_1	d_2	d_3	d_4	d_5
h_1	6	3	0	3	3
h_2	6	1	0	0	0
h_3	5	4	3	4	3
h_4	2	0	0	0	0

例如，d_2 和 d_3 列在 4 个签名中有 1 个相同，则它们的相似度为

$$\text{Sim}_{\text{MinHashSig}}(d_2, d_3) = \frac{1}{4} = 0.25$$

从例 6.5 中我们可以得知精确的相似度为 0.2857。因此上述估计非常接近。

d_4 和 d_5 列在 4 个签名中有 3 个相同，因此相似度为

$$\mathrm{Sim}_{\mathrm{MinHashSig}}(d_4,d_5)=\frac{3}{4}=0.75$$

这明显超过了精确的 Jaccard 相似度值 0.44，但仍然能表明文档之间的高度相似性。

对比之下，d_1 和 d_3 列中没有相同的签名，因此它们的相似度为 0，与真实相似度相同。

请记住，我们从签名矩阵计算的值是 Jaccard 相似度真实值的近似值，近似程度取决于签名长度。当前的长度 $k=4$ 仅为展示目的。事实上，$k=4$ 太小以至于无法根据大数定律建立一个低方差的近似估计。

(2) 性质

相似度估计误差和存储空间之间存在明显的权衡。实际上，我们使用越多的 MinHash 函数 h_i，我们构建的签名的长度就越长，对应相似度估计的期望误差 δ 就越小。然而，这增加了签名矩阵 MinHashSig 所需的存储空间以及排列次数。排列次数的增加会显著增加计算开销。

基于期望标准误差 δ，签名长度 k 的经验选择指导如下式所示：

$$k=\left\lfloor \frac{\sqrt{\theta\cdot(1-\theta)}}{\delta}+1 \right\rfloor$$

为了使用 p 比特 MinHash 值存储单个文档的 MinHash 签名，我们需要 $p\cdot k$ 比特存储每个签名（例如，$p=32$ 允许最多枚举 $2^{32}-1$ 个特征）。同时整个 MinHash 签名矩阵 MinHashSig 的存储需要存储空间的大小为 $p\cdot k\cdot n$ 比特。

当文档的数目 n 很多时，存储变成了算法的瓶颈。为了解决存储瓶颈，Ping Li 和 Arnd Christian König 在 2010 年[Li10]对最小散列提出一种简单的改进方法，称为 b 比特最小散列（*b-bit minwise hashing*）。它通过仅存储每个 p 比特 MinHash 值的最低的 b 比特，很自然地降低了签名矩阵所需的存储空间。

直观上讲，在签名长度 k 相同时，相比于最初的最小散列，每个 MinHash 值使用更少数目的比特会提高相似度估计方差。因此，增加 k 的值以保持估计准确度是必要的。理论结果[Li11]表明，签名长度 k 应该只以因子$\frac{\theta+1}{\theta}$进行调整。在大多数常见的场合中，当相似度不低时（例如，常用的阈值$\theta \geqslant 0.5$），这仅仅是大 2 到 3 倍。

如果文档的数目很多（这也是提出这个改进方法的原因），理论结果建议在相似度阈值$\theta \geqslant 0.4$时选择$b=1$，在其他情况使用$b \geqslant 2$。因此，即使签名长度增加，使用b比特最小散列也会让整个签名矩阵的尺寸也会变得更小。

例 6.13 b比特最小散列

例如，对于相似度阈值$\theta=0.5$，我们使用$b=1$，因此估计方差最多会变为原来的 3 倍。为了不损失精度，需要相应地调整签名的长度。如果每个 MinHash 值最初使用 32 比特存储，使用 1 比特存储带来的提升是$\frac{32}{3} \approx 10.67$。

进一步讲，使用 1 比特最小散列替代签名长度$k=200$，使用 32 比特 MinHash 值的经典 MinHash 算法，我们需要更长的签名，即$k=3 \cdot 200=600$，但是每个文档所需的存储空间从 800B 极大地降低到 75B。

或许b比特最小散列的最大优势是其简洁性以及对初始最小散列算法的最小程度的修改。因此，它可用于优化正在使用中的系统。

（3）最近邻搜索

尽管 MinHash 签名让我们使用空间效率高同时保留相似性信息的 MinHashSig 数据结构对文档进行压缩表示，文档对的数目仍是文档数目的二次方。正如我们所预估，这样无法快速处理数百万文档的庞大数据集。例如，当数据集中包含 1 000 000 个文档时，文档对的数目是$5 \cdot 10^{11}$。假设每秒最高能做10^7次比较，则总共需要 14h。

根据通用 LSH 模式，为给定文档寻找最近邻，我们需要许多独立的局部敏感散列函数并将它们应用到数据集，以便为每个文档计算其能用于分组的键值。

然而，如果文档已经被表示为 MinHash 签名矩阵，则将所有行划分为b段，仅选择一个传统的散列函数g（如 MurmurHash3），并将其应用于段内每一列的部分就足够了。每一段对应特征的一个子集，我们只针对该子集对文档进行散列。因此，两个文档在同一个桶中（散列值相同）当且仅当它们在那个段内完全相同或发生了散列碰撞（对传统散列函数来说碰撞很罕见，而且会在最后一步消除）。换句话说，如果至少在一个段中两个文档的签名相同，那么这两个文档会出现在同一个桶中。

通过适当地选择段的个数 b，我们可以过滤掉许多相似度低于阈值 θ 的文档对。直观地说，签名越相似，越有可能在某个段的所有行上完全相同，对应的文档成为候选对。

例 6.14　MinHash LSH 方法

让我们把例 6.11 构建的签名矩阵分为 $b=2$ 段，每段包含 2 行如表 6-10 所示：

表 6-10　2 段签名矩阵

		d_1	d_2	d_3	d_4	d_5
band 1	h_1	6	3	0	3	3
	h_2	6	1	0	0	0
band 2	h_3	5	4	3	4	3
	h_4	2	0	0	0	0

最后两列的段 1 完全相同，因此不管具体的散列函数，文档 d_4 和 d_5 总能成为一对候选文档。类似地，文档 d_2 和 d_4，d_3 和 d_5 在段 2 中有相同值，因此也成为候选文档对。

考虑相似度阈值 $\theta=0.3$，我们通过精确计算文档间的相似度并将其与阈值比较的方式过滤假阳性的候选文档对：

$$J(d_4,d_5)=0.44>\theta$$
$$J(d_2,d_4)=0.27<\theta$$
$$J(d_3,d_5)=0.307>\theta$$

仅文档对 d_4（measles）和 d_5（roseola），d_2（coomon cold）和 d_4（roseola）在给定阈值下作为近似重复返回，这也符合我们的预期。

请注意，我们选择相似性阈值来随机消除重复项；然而，段数、签名长度和阈值之间存在关系。

为了成功地应用分段策略，我们需要对段的数量提供指导，这取决于我们想要用来区分相似文档的相似度阈值 θ。直观上讲，如果我们分了太多段，那么至少有一小部分（有可能更多）文档将成为候选对（假阳性错误的数量会增加）。而对于一些段，我们需要比较签名的子序列，这些子序列的长度较长。即使对于非常相似的文档，这些签名也可能在几个值上有所不同，我们可能会遗漏许多相似的文档。

一旦构建了所有候选对，我们就会执行 LSH 模式的最后一步并计算文档之间的精确相似度以消除假阳性结果。

LSH 方法对数据集中文档之间的相似性分布非常敏感。如果数据集服从偏态分布的并且大多数文档彼此相似，我们可能会发现所有文档都落入一个桶中，而其他桶保持为空。

假设一对特征文档的相似度为 s，那么至少在一段上，所有行的签名相同的概率 P 为

$$P = 1 - (1 - s^{\frac{k}{b}})^b \tag{6-5}$$

其中 b 为段数，k 是 MinHash 签名的长度；因此 k/b 为每个段中的行数。

具有相似性 s 的文档根据（6-5）成为候选文档对的概率图是一条 S 曲线，意味着其值在到一个 step 之前都非常小，然后迅速增加并保持在一个很高的值。

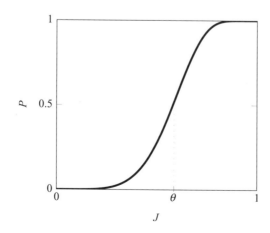

根据公式(6-3)，在给定 b 和 k 的前提下，我们想要寻找能令 step 出现在阈值 θ 附近的参数：

$$\theta \approx \left(\frac{1}{b}\right)^{\frac{b}{k}}$$

例如，图 6-1 是为签名长度 $k=50$ 构建的，其中分为 $b=10$ 段，每段有 5 行。近似 step 值为 0.63，相似度高于该阈值的文档对被认为是相似的。

通常情况下，给定签名长度 k 和相似度阈值 θ，段的数量可用下式估计：

$$b = \lfloor \mathrm{e}^{W(-k \cdot \ln\theta)} \rfloor \tag{6-6}$$

其中 $W(\cdot)$ 是 Lambert W 函数，该函数不能用初等函数表示，但是可以用下述迭代过程近似计算：

$$W_{\text{next}} = \frac{1}{W_{\text{prev}}+1} \cdot (W_{\text{prev}}^2 - k \cdot \ln\theta \cdot \mathrm{e}^{-W_{\text{prev}}})$$

例 6.15 相似度阈值估计

在前面的例子中，我们使用 $b=2$ 段，签名长度 $k=4$。该设置对应的阈值 $\theta = 0.707$，意味着在应用例 6.14 中的分桶技巧后，相似度至少为 0.7 的文档有可能成为候选对：

$$\theta \approx \left(\frac{1}{2}\right)^{\frac{2}{4}} = 0.707$$

另一方面，如果想使用式(6-6)估计 $k=4$ 时所需的桶数以及相似度阈值 0.707，我们需要计算 Lambert 函数 $W(-4 \cdot \ln(0.707))$：

表 6-11 迭代过程

迭代次数	W	b
1	1.3868	4
2	0.9510	2
3	0.6948	2
4	0.6933	2
5	0.6933	2

如上所示，迭代过程迅速收敛，推荐的段数为 2。

然而，由于我们使用的签名长度 $k=4$ 非常短，根据公式(6-2)，对应的标准差为 $\delta=0.11$。因此真实候选的近似相似度可能远低于其真实相似度，因此它们最终可能会出现在不同的桶中。如果我们想要更精确一点，在相似度阈值 $\theta=0.7$ 时讲标准差 δ 维持在 0.05 左右，我们需要使用的签名长度为

$$k=\left\lfloor \frac{\sqrt{0.7\cdot0.3}}{0.05}+1 \right\rfloor=10$$

MinHash 算法对大数据集非常高效，而且可以很容易地用于 MapReduce 计算模型中。这使其在大数据应用中很流行。它的各种实现在 Apache Spark、Apache Mahout、Apache Lucene 中可用，并用于搜索引擎和数据库，如 Elasticsearch、Apache Solr、CrateDB 等。据报道，谷歌将其用于谷歌新闻个性化。

6.3　SimHash

SimHash（又称 sign normal random projection）是另一种常见的散列算法。它基于由 Moses S. Charikar 在 2002 年[Ch02]提出的 simhash 函数。Gurmeet Singh Manku，Arvind Jain 和 Anish Das Sarma 在 2007 年[Ma07]将其应用于 Google 的网页近似重复检测中。

从数学的角度上看，SimHash 使用了符号随机投影（sign random projection）的概念。对于一个 k 维的实值文档向量 d，SimHash 函数族保留其相似性信息。对于每个元素由独立同分布的标准正态分布生成的随机向量 v（即，$v_i\propto N(0，1)$），SimHash 根据下式产生散列值

$$h_v^{\text{sim}}(d):=\text{sign}(v\cdot d)=\begin{cases}1,v\cdot d\geq0\\0,v\cdot d<0\end{cases} \tag{6-7}$$

因此，SimHash 值是随机投影的符号值。由于法向量 v 对应的超平面将多维空间分为两个子空间，因此 SimHash 只对文档所在一侧（正面或反面）的信息进行编码。

例 6.16   SimHash 值

参考例 6.7 中为 d_3(flu) 构建的文档向量：

16	2	9	16	16	2	0	9	0	9	0	0	16	0	0	0	0	9	0

为了计算其 SimHash 值，我们需要构建一个由 19 个分量组成的向量 v，它定义了一个分隔文档所在的 19 维空间的超平面。为构建该向量，我们从正态分布 N(0,1) 中生成 19 个随机值作为向量的分量（因为在我们的例子中缩放并不重要，所以我们将值放大 10 倍）：

5	−1	6	15	−2	−2	16	8	−5	5	−5	−5	2	−19	−17	−6	−10	3	−9

这两个向量的内积为两个向量对应分量的两两乘积之和：

$$v \cdot d = 5.12$$

由于结果的符号为正，所以 SimHash 值为

$$h_v^{\mathrm{sim}}(d) = \mathrm{sign}(v \cdot d) = 1$$

注意，如果两个文档的夹角 $\alpha = \pi$，那么它们当然会出现在不同的子空间；反之，如果两个文档以夹角 $\alpha = 0$ 完美对齐，则它们会在同一个子空间。由于在式(6-7) 中文档向量的大小没有任何作用，两个文档向量 d_A 和 d_B 的 SimHash 值相同的概率等于它们出现在超平面同一侧的概率。这一概率可以用文档之间的夹角 $\alpha = \alpha(d_A, d_B)$ 表示为

$$\mathrm{Pr}(h^{\mathrm{sim}}(d_A) = h^{\mathrm{sim}}(d_B)) = 1 - \frac{\alpha}{\pi} \approx \frac{\cos\alpha + 1}{2} \qquad (6\text{-}8)$$

式(6-8) 定义了 SimHash 函数的散列碰撞概率。

该碰撞概率与函数 $\cos(\alpha)$ 密切相关，因此如果文档间的余弦相似度很高，则它们肯定会碰撞；反之亦然。从这个意义上说，散列函数族保留了文档之间的余弦相似度，这就是余弦相似度的局部敏感函数族。

（1）SimHash 签名

使用散列值仅为 1 比特的单个 SimHash 函数不确定性非常高。为了降低不确定性，我们可以使用 p 个不同随机向量对应的散列函数来产生一个

p 比特向量，又称为 SimHash 签名。由于每个散列函数保留文档间的相似度，为了估计签名的相似度，我们需要计算其中的相同值对应比特的数量。

因此，SimHash 算法维护一个 SimHashTable 数据结构而不是直接使用长实值文档向量。SimHashTable 数据结构中存储每个文档的短的固定长度的二进制 SimHash 签名。这在概念上与我们在 MinHash 算法中构建的签名非常接近。

> SimHashTable 的每个文档都表示为 p 比特二进制字符串。相比高维实值文档向量，p 比特二进制字符串明显需要更少的存储空间。因此它是对数据集的一种空间高效的表示方法。

给定由文档特征 $(s_0, s_1, \cdots, s_{k-1})$ 的实值权重向量 $(w_0, w_1, \cdots, w_{k-1})$ 表示的文档，或者实际上说，我们可以把文档表示为元组向量 $\{(s_j, w_j)\}_{j=0}^{k-1}$。为了为文档 d 构建 p 比特 SimHash 签名，首先我们使用任意传统散列函数 h（如 MurmurHash3，SHA-1）把每个特征 s_j 散列到一个 p 比特散列值 $h_j(s_j)$。该散列值是特定特征所独有的。之后，我们从一个中间 p 维零向量 v 开始，迭代所有特征的散列值。如果散列值 h_j 的第 i 比特为 1，则我们将 v_i 的第 i 个分量增加权重 w_j，反之则减少 w_j。最后，当所有特征都被处理后，我们确定向量 v 各个分量的符号：若为正，将最终 p 比特 SimHash 签名 f 的相应比特设置为 1；若为负，则将相应比特设为 0。

算法 6.5：构建 SimHash 签名表

输入：文档向量 $d = \{(s_j, w_j)\}_{j=0}^{k-1}$

输入：传统散列函数 h

输出：SimHash 签名表

```
v := {v_i}_{i=0}^{p-1}, v_i ← 0
for j ← 0 to k-1 do
    h_j ← binary(h(s_j))
    for i ← 0 to p-1 do
        /* h_j[i] ∈ {0,1}, we either increment or decrement v_i    */
        v_i ← v_i + (2 · h_j[i] - 1) · w_j
return sign(v)
```

例 6.17   SimHash 签名表

参考例 6.7 中的数据集。简便起见，我们构建 6 比特 SimHash 签名并对全集 Ω 中的所有特征进行散列。我们使用随机选择的 32 比特的散列函数 MurmurHash3：

$$h(x) := \text{MurmurHash3}(x) \bmod 2^6$$

因此，特征的散列值为

表 6-12   特征散列值

特征	症状	$h(s)$	binary ($h(s)$)
s_0	aching body	56	000111
s_1	cough	9	100100
s_2	diarrhea	14	011100
s_3	difficulty sleeping	41	100101
s_4	feeling tired	17	100010
s_5	fever	43	110101
s_6	greyish-white spots	7	111000
s_7	headache	5	101000
s_8	itchiness	26	010110
s_9	loss of appetite	37	101001
s_{10}	loss of taste	24	000110
s_{11}	muscle aches	13	101100
s_{12}	nausea	6	011000
s_{13}	rash	38	011001
s_{14}	red eyes	62	011111
s_{15}	runny nose	18	010010
s_{16}	sneezing	27	110110
s_{17}	sore throat	46	011101
s_{18}	swollen glands	4	001000

与前例相似，我们可以使用特征权重为数据集中的所有文档构建实值表示：

让我们为文档 d_3(flu) 构建签名。我们使用特征的二进制表示对特征进行迭代。之后对每个特征，我们基于文档权重构建特征值。

d_1	0	0	0	0	0	0	0	0	54	0	0	0	0	0	0	7	31	0	0
d_2	0	3	0	0	0	3	0	11	0	0	20	20	0	0	0	3	11	11	0
d_3	16	2	9	16	16	2	0	9	0	9	0	0	16	0	0	0	0	9	0
d_4	0	4	0	0	0	4	27	0	0	0	0	0	0	15	27	4	0	0	0
d_5	0	3	13	0	0	3	0	0	0	13	0	0	0	13	0	3	0	0	23

中间向量 v 包含 6 个分量，所有分量的初始值为 0：

0	0	0	0	0	0

我们通过对特征的迭代计算向量 v 的分量。例如，特征 s_0 的二进制表示在位置 0、1、2 上均为 0。因此，我们通过可以在上表中文档 d_3 的第一列中找到的特征权重 $w_0^3 = 16$ 来减少向量 v 的相应分量。对特征散列值为 1 的位置 3、4 和 5，我们改为添加特征权重：

−16	−16	−16	16	16	16

我们用相同的方式处理特征 s_1，该特征在位置 0 和 3 的值为 1，相应权重 $w_1^3 = 2$：

−14	−18	−18	18	14	14

继续处理其他特征，我们得到了向量 v 的最终形式。

4	−32	0	4	−40	0

向量 v 中的实际值并不重要，为了给文档构建签名，我们只要需要其分量的符号值。如果向量 v 的分量非负，则对应分量的签名被设为 1；反之则被设为 0。文档 d_3 仅在位置 1 和 4 的值为负，因此其签名 f^3 为：

0	1	2	3	4	5
1	0	1	1	0	1

我们对剩余所有文档采取同样的处理方式，最终的 SimHashTable 为

	0	1	2	3	4	5
d_1	0	1	0	1	1	0
d_2	1	0	1	1	0	0
d_3	1	0	1	1	0	1
d_4	0	1	1	0	0	1
d_5	0	0	1	0	0	0

两个签名在某个比特上碰撞的概率由公式(6-8)给出。因此，如果两个文档的签名最多在 p 个比特位置上不同，或者说，两个签名的汉明距离最大为 η，则这我们认为这两个文档相似。其中，η 是一个与相似度阈值 θ 密切相关的参数。

> 汉明距离在信息论中被广泛使用，可以看作是将一个签名转换为另一个签名过程中所需的最小错误数的度量。对于二进制字符串，汉明距离等于按位异或运算后的 1 的数量。

例 6.18   签名的汉明距离

参考我们在例 6.17 中构建的签名。我们使用汉明距离比较文档 d_4(measles)和 d_5(roseola)：

	0	1	2	3	4	5
d_4	0	1	1	0	0	1
d_5	0	0	1	0	0	0

这两个签名在位置 1 和 5 的对应比特不同。因此，它们之间的汉明距离为 2，意味着这些文档非常相似，这并不奇怪。作为对比，这两个文档的精确的余弦相似度为

$$c(d_2,d_4)=\cos(\alpha)=0.17$$

而对于当前数据集，相似度阈值 $\theta=0.15$ 被认为是合理的。

（2）性质

SimHash 函数产生单个比特作为输出，而 MinHash 函数生成一个整数。但是，SimHash 可以与同样输出一个比特的最小散列相比较。然而，对于高相似度阈值，MinHash 方法要优于 SimHash[Li10]。

实际上，SimHash 是一种将高维向量映射为 p 比特签名向量的降维技巧，其中 p 很小（通常为 32 或 64）。如 Gurmeet Singh Manku、Arvind Jain 和 Anish Das Sarma 的实验所示，64 比特签名足以处理 $8\,000\,000\,(\approx 2^{34})$ 个文档。

（3）近邻搜索

SimHash 算法让我们能够将文档表示为由保留相似度的 p 比特散列结果组成的空间高效的 SimHashTable。但是，仍然有与文档数呈平方关系的文档对数需要进行汉明距离的计算以及和阈值 η 进行比较。对于包含数百万文档的庞大数据集来说，这是无法及时处理的。

此外，为了寻找签名为 f^d 的文档 d 的近邻，我们需要在 SimHash-Table 中寻找所有与 f^d 最多有 η 个比特不同的签名。这一问题又被称为汉明距离范围查询问题。该问题在大规模数据集上仍然难以被解决。

对于相似的文档，即选择较小的汉明距离阈值 η，我们可以使用块置换汉明搜索的方法，将每个 p 比特 SimHash 签名划分为 M 块。每一块包含大概 $b=\left\lceil \dfrac{p}{M} \right\rceil$ 个连续的比特。

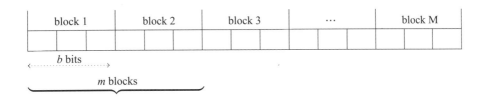

我们可以不对完整的签名进行比较，而是随机从 M 个块中选择其中的 m 个，并通过与给定签名的最高比特进行逐块比较的方法来执行搜索查询，其中参数 m 是与汉明距离阈值 η 相关的参数。

每一组被选的 m 个块定义了一个新的更短的签名，总共大概有 $m \cdot b$ 比特。由于签名的顺序并不重要，可以为每个最初的 p 比特 SimHash 签名构建精确转换的 $N=\dbinom{M}{m}$ 个 m-块签名。

例 6.19　m-块 SimHash 签名

设想一个 64 比特 SimHash 签名，并根据汉明距离定义相似性阈值 $\eta=2$，我们可以将签名分为 $M=5$ 块，每块包含大约 $b=\left\lceil \dfrac{64}{5} \right\rceil=13$ 个连续的比特。例如，13、13、13、13、12 比特/块。如果我们对 $m=3$ 个块进行逐块比较，选择它们的方法总数是 $N=\binom{5}{3}=10$，生成的 3-块签名包含 39 比特或者 38 比特（对于最后一块的 12 比特）。

因此，对每个在 SimHashTable 中的 p 比特 SimHash 签名，我们可以产生 $N=\binom{M}{m}$ 个 m-块签名，并将它们存储在排好序的桶 $\{B_i\}_{i=1}^N$ 中。每个桶 B_i 对应特定选择的 m 个块 π_i 和存储签名中的确切比特数 b_i 密切相关。

算法 6.6：为 m-块签名分桶

输入：SimHash 签名表

输入：m-块签名的数量 N

输出：包含 m-块签名的桶

```
for i ← 1 to N do
    for f_j ∈ SimHashTable do
        f̂_j ← π_i(f_j)
        B_i ← B_i ∪ {f̂_j}
    B_i ← sort(B_i)
return {B_1, B_2, ..., B_N}
```

给定文档 d 的签名 f^d，当我们寻找与其 p 比特 SimHash 签名最多有 η 个比特位置不同的近邻时，我们需要探查 N 个桶的每一个，探查过程可以并行完成。对每个桶 B_i 我们寻找所有的 b_i 比特与 $\pi_i(f^d)$ 的 b_i 比特匹配的 m-块签名。如果签名的总量为 2^q，那么在每个桶中期望平均有 2^{q-b} 次这样的匹配。

在这一步之后，为了筛掉可能的假阳性候选，我们计算对每个签名的精确汉明距离，并确认其是否超过了阈值 η。

与其在最后一步构建新的较短签名并保留 SimHashTable 以进行精确的汉明距离计算，我们可以通过选择 m 个块作为签名中的最高位并将它们保持不变的方式来置换原始 SimHash 签名顺序。因此，如果签名以相同的方式排列，汉明距离不会改变，我们仍然能够通过精确距离计算来消除误报候选。

算法 6.7：搜索近邻

输入：文档 $d = (s_d, w_d)$

输入：汉明距离阈值 η

输出：近邻列表

$f_d \leftarrow \textbf{Signature}(d, h)$

$neighbors \leftarrow \varnothing$

for $i \leftarrow 1$ to N do

　　$candidates \leftarrow \varnothing$

　　for $\hat{f}_j \in \mathrm{B}_i$ do

　　　　if $f_d[: b_i] = \hat{f}_j$ then

　　　　　　$candidates \leftarrow candidates \cup \{j\}$

　　for $\hat{j} \in candidates$ do

　　　　if $\textbf{HammingDistance}(f_j, f_d) \leqslant \eta$ then

　　　　　　$neighbors \leftarrow neighbors \cup \{d_j\}$

return $neighbors$

通过二分查找的方式在每个桶中寻找匹配，一次单独的探查可以在 $O(b_i)$ 步之内完成，但是每个块内的比特数量 b_i 应该相对较大以避免检查太多的签名。

对于每个 p 比特 SimHash 签名，给定汉明距离阈值 η 时，桶的总数量必须选择为 $M > \eta + 1$。然后我们可以使用 $m \in [1, M - \eta]$ 块进行逐块比较。

然而，对于固定选择的 SimHash 签名长度 p 和汉明距离阈值 η，块数 m 和桶数 N 之间存在明显的权衡。如果我们使用更多的块，即更长的签名，这会减少查询时间因为可能成功的匹配较少。不过同时所需的存储空间也会增加。另一方面，使用更短的签名，我们可以减少存储空间。但是这样需要检查更多的匹配项，增加了查询时间。

为了优化存储空间的使用[Ma07]，可以压缩指纹，这可以将数据结构大小减少大约一半。压缩基于这样一个事实，即相似文档的指纹共享一定数量的比特。因此我们可以构建更短的块，其中指纹通过存储 Huffman 代码来存储其 XOR 差异的最重要的 1-比特位置。

SimHash 在近似最近邻搜索中很流行，但这可能是由于余弦相似度的流行。SimHash 可以直接应用于余弦相似度中。与 MinHash 相同，SimHash 算法适用于 MapReduce 模型并且广泛可用，但它主要位于独立库中。据报道，谷歌将其用于网络爬行中的近似重复检测。

6.4　总结

在本章中，我们考虑了定义任何性质文档之间相似性的不同方法。我们介绍了一个非常强大的框架，它可以解决重复检测问题，这对于许多实际应用程序来说非常重要。至于具体的实现，我们介绍了业界广泛使用的两种非常有效的算法。

如果你对此处涵盖的材料的更多信息感兴趣或想阅读原始论文，请查看本章后面的参考文献列表。

本章结束我们关于概率数据结构和算法的叙述。虽然不可能涵盖所有现有的令人拍手称赞的解决方案，但在这里我们想重点介绍它们的共同思想和重要应用领域，包括高效的成员查询、计数、流挖掘和相似性估计。

希望你觉得这本书是有用的，并可以从中学到东西。

非常感谢你。

本章参考文献

[Br97] Broder, A.Z. (1997) "On the Resemblance and Containment of Documents", *Proceedings of the Compression and Complexity of Sequences*, June 11–13, 1997, p. 21, IEEE Computer Society Washington, DC.

[Br00] Broder, A.Z., et al. (2000) "Min-wise independent permutations", *Journal of Computer and System Sciences*, Vol. 60 (3), pp. 630–659.

[Ch02] Charikar, M.S. (2002) "Similarity estimation techniques from rounding algorithms", *Proceedings of the thiry-fourth annual ACM symposium on Theory of computing*, Montreal, Quebec, Canada - May 19–21, 2002, pp. 380–388.

[In98] Indyk, P., Motwani, R. (1998) "Approximate nearest neighbors:

towards removing the curse of dimensionality", *Proceedings of the 13th annual ACM symposium on Theory of computing*, Dallas, Texas, USA - May 24–26, 1998, pp. 604–613, ACM New York, NY.

[Li10] Li, P., König, A.C. (2010) "b-Bit Minwise Hashing", *Proceedings of the 19th International Conference on World Wide Web*, April 26-30, 2010, Raleigh, North Carolina, USA - April 26–30, 2010, pp. 671–680, ACM New York, NY.

[Li11] Li, P., König, A.C. (2011) "Theory and applications of *b*-bit minwise hashing", *Magazine Communications of the ACM*, Vol. 54 (8), pp. 101–109.

[Li12] Li, P., et al. (2012) "One Permutation Hashing", *Proceedings of the 25th International Conference on Neural Information Processing Systems*, Lake Tahoe, Nevada - December 03–06, 2012, pp. 3113–3121, Curran Associates Inc., USA.

[Li14] Liu, Y. et al. (2014) "SK-LSH: An Efficient Index Structure for Approximate Nearest Neighbor Search", *Proceedings of the VLDB Endowment*, Vol. 7 (9), pp. 745–756.

[Ma07] Manku, G. S., et al. (2007) "Detecting near-duplicates for web crawling", *Proceedings of the 16th international conference on World Wide Web*, Banff, Alberta, Canada - May 08–12, 2007, pp. 141–150, ACM New York, NY.

[Sh14] Shrivastava, A., Li, P. (2014) "In Defense of MinHash Over SimHash", *Proceedings of the Seventeenth International Conference on Artificial Intelligence and Statistics*, 22–25 April 2014, Reykjavik, Iceland - PMLR, Vol. 33, pp. 886–894.

[So11] Sood, S., Loguinov, D. (2011) "Probabilistic Near-Duplicate Detection Using Simhash", *Proceedings of the 20th ACM international conference on Information and knowledge management*, Glasgow, Scotland, UK - October 24–28, 2011, pp. 1117–1126, ACM New York, NY.

[Wa14] Wang, J., et al. (2014) "Hashing for similarity search: A survey", *arXiv preprint*. arXiv:1408.2927v1 [cs.DS] - Aug 13, 2014.